经典法式小甜点110

Assortiment

de

110

Petits Fours

日本柴田书店　编著　盖晓乐　译

 中国民族摄影艺术出版社

前　言

"法式小甜点"是一口大小的点心的总称。

因为不像蛋挞、沙布列、泡芙那样有特定的名字，所以提到"法式小甜点"人们可能无法马上就想到它，但是无论曲奇、玛德琳蛋糕，或是马卡龙、蛋挞，其实都属于"法式小甜点"。同样，如果将饼干、夹心蛋糕，或是棉花糖、牛轧糖等糖果做成小巧玲珑的样子，也可以被称为"法式小甜点"。

在日本，法式小甜点常被人们认为是赠送礼物的点缀或者是高级餐厅的饭后甜点，但是在法国，法式小甜点可是派对、宴会上不可或缺的传统经典。将各种各样如宝石般多彩的小甜点摆放在碟子或大托盘中，能将会场的氛围衬托得更加盛大。

"组合"一词常常被本书中的甜点师挂在嘴边。

除了让每一款小甜点都能呈现出小巧精美的样子之外，"法式小甜点"本就是由各色小甜点组合而成的。甜点师们不仅会考虑如何在派对中发挥法式小甜点的作用，即使是作为礼物的点缀，他们也会考虑如何进行组合、人们在打开礼物的时候看到的是怎样的画面，甜点师会时刻考虑"组合"的问题。

事实上，法式小甜点非常适合"每种都想尝一点"的日本人食用。如今，用法式小甜点作为礼物或是用其招待客人已经成为潮流，而且越来越多的人会为自己购买一盒混装的组合法式小甜点。法式小甜点的需求正在不断扩大。

本书邀请了8家热门店铺的甜点师为我们介绍110种法式小甜点的制作及组合方法，这些店铺正不断地为人们展示着法式小甜点的魅力。不要因为小甜点的个头小而小瞧它们。小而味美的关键、小而精美的要领，这些专业技巧都在制作小甜点的诸多环节闪现。

目 录
contents

PUISSANCE
井上佳哉 *018*

Atelier UKAI
铃木滋夫 *034*

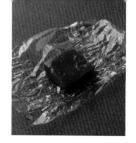

●摄影

天方晴子　PUISSANCE、SUSUCRE、AU BON VIEUX TEMPS、
OCTOBRE、Noliette、BLONDIR

大山裕平　Atelier UKAI、Dessert le Comptoir

●设计

片冈修一、关口佳香里（PULL/PUSH）

●采访、编辑

濑户理惠子　PUISSANCE、AU BON VIEUX TEMPS、Noliette、
BLONDIR、Dessert le Comptoir

村山知子　SUSUCRE、OCTOBRE

锅仓由记子　Atelier UKAI

开始制作前

[关于材料表]

● 材料的用量要以所制作的点心的大小和数量为标准。在法式小甜点的制作中，制作每一个小甜点的面坯和奶油用量的不同，会直接影响制作完成的数量。

● 关于面坯、奶油等部分的名称，除了取决于我们所采访的店铺内的惯用名称以外，也会根据本书编辑内容需要做出调整。

● 在法式糕点的制作过程中，一次制作的面坯、奶油不仅限于在制作一款糕点中使用。很多情况下，同样的面坯、奶油在制作其他糕点时也会用到。因此，可以多准备一些以便需要时使用。

● 本书中的"黄油"指的是不含盐的黄油。"冷黄油"指的是刚从冰箱里拿出来已经充分冷却的黄油。

● 低筋面粉、杏仁粉等粉类在使用之前需要过筛备用。

● 如需要使用干粉且没有特殊标注的情况下，使用高筋面粉就可以。

● 标注有"糖度○%brix"的糖浆或果酱需要用手持式糖度计进行测量，直到煮到达到规定数值为止。百分比的数值即指浓度。

● 波美度 30° 的糖浆是指用 1350g 白砂糖兑 1000g 水，用火熬制而成。冷却后使用。

● 本书中所用的果泥基本都是冷冻果泥。

[关于制作方法]

● 在使用电动打蛋器或料理机的时候，其搅拌所需的时间和速度要根据机型和容量进行调整。请一边观察面坯或奶油的状态一边调整。

● 搅拌面坯时需随时用刮刀将粘在碗边的粉末或面坯刮下与碗中面坯一起搅拌。

● 本书中的"烤箱"指的是"直火柜式烤箱"。若需要使用"热风对流烤箱"，会标注为"热风对流烤箱"。

● 烤箱的温度以及烤制时间会因烤箱的机型以及内箱大小等不同而发生变化。请根据所使用的烤箱的特性适当调整。

● 对于装有风门（风量调节阀）的烤箱，本书中会标明打开风门。请根据烤箱的机型及其气密性适当调整风门的开闭。

● 若需将面坯直接放在烤盘上烤制，请事先在烤盘上薄薄地涂上一层色拉油或者是脱水黄油、酥油等。对于放置不用的烤盘也要用同样的方法养护。模具同理。

● 为了避免烤制不均匀，在烤制中常常需要将烤盘前后倒置一次。

[用语解说]

appareil：各种材料混合而成的面坯、底坯。

garniture：蛋挞、馅饼等中间的夹心。

détrempe：在制作千层酥面坯的时候，没有卷入黄油之前的面坯。

pâte：面坯。

pâte d'amandes：由杏仁和砂糖混合，用滚轮制成的糊状物。pâte d'amandes crue 指的就是杏仁糊。

piquer：在面坯上打孔。

massepain：给杏仁糊着色、添加香料制成的点心。另外也指其面坯。

什么是法式小甜点

Petit four 是"小甜点"的总称。Four 原本就是"烤箱"的意思。在本书中，不论是小烤饼、夹心蛋糕还是糖果，只要是一两口大小的点心不论是哪个类别都可以被称作"小甜点"。

说起来，对"法式小甜点"的需求多半源自于派对宴会。本书中登场的甜点师们也说"在法国的宴会上小甜点是诸多菜肴中夺目的一道"、"我们也给很多大使馆举行的活动制作小甜点"。还有诸如"在法国的烘焙业内，制作法式小甜点并不是什么特殊的工作"等说法。

即便如此，在日本销售种类繁多的法式小甜点的店铺尚不多见。法式小甜点虽然个头不大，但是其制作工序和餐后甜点或蛋糕相比并无二致。不如说，正因为其小而多才在组合以及包装上要求更加精细，反而是一项花费时间的工作。但是并不是说将现有种类的糕点做小就可以了，我们必须要考虑到什么样的糕点做成一口大小会给人们留下怎样的印象，如何组合才能让人印象深刻，如何调整面坯的薄厚、奶油的用量、味道的浓淡以及火候的大小。法式小甜点有其专门的制作方法。

何谓"组合"

另外，甜点师们还异口同声地说"制作法式小甜点是一项既有趣又有魅力的工作"。不管是派对用的拼盘，还是要装进盒子或罐子里的点心什锦，它们所表现出来的华丽以及人们第一眼看到时表现出的惊讶是只有法式小甜点才能带来的。

"不组合何来法式小甜点"。

以 AU BON VIEUX TEMPS 的河田胜彦为代表的甜点师们经常把"组合"这个词挂在嘴边，由此便可看出"组合"就是法式小甜点的关键词。组合的乐趣就在于收集各种缤纷的小点心并从中选出一两个。拿罐装曲奇什锦来说就有许多种选择，可以选择面坯不同的沙布列、千层酥、蛋卷、蛋白酥，也可以选择香草味、巧克力味、口感酥脆或咬起来咯吱咯吱的点心、有果酱夹心或布满坚果的点心，还可以选择球形或者方形的……组合给我们带来无穷乐趣。

"组合"非常适合"各种都想尝一点"的日本人。如今，用法式小甜点作为礼物或款待客人已成为潮流，不止是小烤饼，法式小甜点的组合也有望成为主力商品，成为今后引人注目的领域。

法式小甜点也被称为"餐后甜点"（mignardise），这是高级餐厅的叫法，它包含了"高级""可爱"等意味。在用餐结束已经吃饱的状态下，不仅要考虑甜点的花样，如何控制数量和口感使人能够更加乐于品尝是关键所在。与蛋糕不同，餐后甜点不需要考虑打包外带的问题，这也是其魅力点之一。瞄准形状崩塌的临界点，现场奶油裱花，用勺子作为盛装容器等，这些都是只能在餐厅才能实现的法式小甜点的设计。

法式小甜点的种类

法式小甜点的定义并非唯一，有很多种方法可为其定义。在此，我们根据本书中甜点师们的想法，将法式小甜点分为六种类型。

法式酥饼
petit four sec

"sec" 是 "干燥" 的意思。这里提到的 "法式酥饼" 指的就是通常所说的曲奇类的点心。我们可以将果酱等辅料加到沙布列面坯、千层酥面坯、甜面皮面坯、蛋卷面坯等各种各样的面坯中与其混合，就可以制作出造型多样变化无穷的酥饼来。做好的酥饼可存放一段时间，因此成为了必不可少的礼物之选。

法式夹心饼
petit four fourré

此类点心取的是 "fourré" 这一单词 "中间夹有" 的意思。我们的做法是将巧克力酱或是果酱等装饰用料夹在面坯中做成夹心，并用巧克力等做糖衣。noliette 的永井纪之的制法介于 "夹心饼和酥饼之间"。

法式咸饼
petit four salé

"salé" 是 "盐" 的意思。也就是说，此类型为咸味点心。一般的做法是将芝麻、奶酪、香辛料、香草等，混在千层酥面坯中制成小饼。本书中含有奶酪或胡椒的沙布列也归为此类。这类小点心对于餐前开胃酒来说是不可或缺的。

法式软蛋糕
petit four demi-sec

"demi-sec" 是 "半干" 的意思。此类点心的典型代表就玛德琳和费南雪。品尝此类点心可以感受到来自于面坯原本的香醇味道。我们也可以称它为法式熔岩蛋糕。在制作小尺寸的此类蛋糕时，因其易干所以要注意调整烤制的时间和温度，并且要将糖浆等淋在烤好的蛋糕上防止其干燥。

法式鲜蛋糕
petit four frais

"frais" 是 "生的、新鲜" 的意思。因此本类指的就是法式鲜水果奶油蛋糕，也可称作 "法式冰蛋糕"（petit four glacé）。将新鲜的水果或鲜奶油放入泡芙皮或挞皮制作而成。在本书中，那些你等不及带回家就想要立刻吃掉的、含有充分水分的马卡龙也被归为此类。

糖果
confiserie

本类点心指的是糖块、棉花糖、焦糖等砂糖类糖果。法国的糖果专卖店就像日本的零食店一样，可以随意购买糖果，即使只买一个也可以。也有诸如普罗旺斯地区艾克斯的小杏仁饼、里昂的百花糖等具有地方特色的糖果。本书中所指的糖果不包含夹心糖、巧克力之类。

法式小甜点图鉴

下面将根据 p9 "法式小甜点的种类" 中的 6 种类型为您介绍本书的 110 种法式小甜点。

法式酥饼
petit four sec

烤 制 点 心

小烤饼 ⇔*p20*

焦糖杏仁酥 ⇔*p29*

甜面皮 + 杏仁蛋白 + 黑加仑果酱

**维也纳花形
树莓夹心曲奇** ⇔*p36*

沙布列面坯 + 覆盆子果酱

圆锥蛋卷 ⇔*p22*

蛋卷面坯 + 果仁巧克力 + 杏仁

入口即化枫糖曲奇 ⇔*p38*

蝴蝶酥 ⇔*p26*

黑桃巧克力百香果曲奇 ⇔*p42*

巧克力甜面皮 + 黄油面坯 + 百香果果酱

椰子酥 ⇔*p27*

贝壳形红茶柠檬果酱曲奇 ⇔*p43*

黄油面坯 + 柠檬果酱

巧克力沙布列 ⇔*p27*

巧克力沙布列面坯 + 杏仁

带皮杏仁曲奇 ⇔*p44*

沙布列面坯 + 杏仁 + 珍珠糖

手指酥 ⇔*p28*

蛋白酥皮面坯 + 杏仁糖

榛子生姜蛋白霜 ⇔*p44*

青苹果薄荷蛋白霜 ⇔ *p45*

红薯饼 ⇔ *p54*

芝麻曲奇面坯 + 红薯曲奇面坯

草莓蛋白霜 ⇔ *p45*

橡子 ⇔ *p55*

咖啡风味曲奇面坯 + 牛奶巧克力

芝麻焦糖曲奇 ⇔ *p46*

沙布列面坯 + 芝麻饼坯

小刺猬 ⇔ *p56*

曲奇面坯 + 苦巧克力 + 杏仁

肉桂红果酱曲奇 ⇔ *p48*

沙布列面坯 + 红果酱

小兔子 ⇔ *p56*

椰子曲奇面坯 + 白巧克力

椰子棒 ⇔ *p49*

小草莓 ⇔ *p57*

草莓曲奇面坯 + 白巧克力

手捏曲奇（香草味） ⇔*p52*

卷卷猫舌饼 ⇔ *p58*

猫舌饼面坯 + 苦巧克力

手捏曲奇（巧克力味） ⇔*p53*

卷卷牛奶巧克力猫舌饼 ⇔*p60*

猫舌饼面坯 + 牛奶巧克力

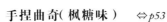

手捏曲奇（枫糖味） ⇔*p53*

卷卷白巧克力猫舌饼 ⇔*p60*

猫舌饼面坯 + 白巧克力

卷卷抹茶猫舌饼 ⇔ *p60*

抹茶风味猫舌饼面坯 + 牛奶巧克力

卷卷黑可可猫舌饼 ⇔ *p60*

可可风味猫舌饼面坯 + 黑巧克力

咸味奶酪曲奇 ⇔ *p40*

卷卷咖啡猫舌饼 ⇔ *p61*

咖啡风味猫舌饼面坯 + 白巧克力 + 咖啡
豆形巧克力

咸味小泡芙 ⇔ *p92*

奶酪风味小泡芙面坯 + 格鲁耶尔奶酪

卷卷草莓猫舌饼 ⇔ *p61*

草莓风味猫舌饼面坯 + 白巧克力

咖喱沙布列 ⇔ *p94*

沙布列面坯 + 洋葱 + 格鲁耶尔奶酪

卷卷葡萄猫舌饼 ⇔ *p61*

葡萄风味猫舌饼面坯 + 白巧克力 + 巧克
力屑

虾味饼 ⇔ *p95*

海绵蛋糕面坯 + 孔泰奶酪 + 虾粉

巧克力饼 ⇔ *p131*

蛋卷面坯 + 苦巧克力

圈圈饼 ⇔ *p95*

派皮 + 橄榄凤尾鱼酱 + 孔泰奶酪

雪球 ⇔ *p138*

杏仁酥 ⇔ *p96*

千层酥面坯（剩余料）+ 杏仁 + 罗勒

辛辣酥 ⇔ *p96*

千层酥面坯（剩余料）+ 榛子 + 红灯笼
辣椒粉

意大利蓝奶酪汤团 ⇔p98

黄油面坯 + 汤团 + 蘑菇配菜 + 格鲁耶尔奶酪

樱桃蛋糕 ⇔p70

牛轧糖 + 糖衣杏仁 + 腌樱桃 + 黄色和巧克力翻糖

黑胡椒杏仁饼 ⇔p135

加入黑胡椒和杏仁的酥饼

黑加仑蛋糕 ⇔p72

杏仁饼干 + 黑加仑慕斯 + 黑加仑镜面果胶

法式鲜蛋糕
petit four frais

夹 心 蛋 糕

番薯蛋糕 ⇔p73

派皮面坯 + 巧克力杏仁蛋糕 + 可可粉

果仁蛋糕 ⇔p64

泡芙皮面坯 + 咖啡黄油奶油 + 咖啡翻糖 + 核桃

开心果夹心蛋糕 ⇔p75

开心果饼干 + 开心果奶油 + 绿色和巧克力翻糖 + 开心果

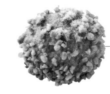

船形栗子蛋糕 ⇔p66

甜面皮面坯 + 杏仁奶油 + 栗子奶油 + 咖啡和巧克力翻糖

巴黎泡芙 ⇔p78

泡芙皮面坯 + 杏仁 + 卡仕达酱 + 尚蒂伊奶油

椰子挞 ⇔p68

甜面皮 + 椰子奶油 + 意式蛋白霜 + 椰蓉

圣奥诺雷泡芙 ⇔p80

泡芙皮面坯 + 利口酒风味卡仕达酱 + 焦糖

覆盆子挞 ⇔p68

甜面皮面坯 + 黑加仑果冻 + 覆盆子

小老鼠泡芙 ⇔p81

泡芙皮 + 卡仕达酱 + 翻糖 + 杏仁

玫瑰泡芙 ⇔p69

泡芙皮面坯 + 卡仕达酱 + 玫瑰翻糖

天鹅泡芙 ⇔p82

泡芙皮 + 尚蒂伊奶油

手指泡芙 ⇔ *p83*

泡芙皮 + 巧克力奶油 + 巧克力翻糖

香橙百香果 ⇔ *p129*

百香果果酱 + 白奶酪奶油 + 马鞭草叶

柠檬挞 ⇔ *p84*

甜面皮 + 柠檬奶油 + 柠檬风味的果胶 +
意式蛋白霜

椰果覆盆子 ⇔ *p131*

白巧克力外壳 + 椰子奶油 + 覆盆子 + 开
心果

蓝莓挞 ⇔ *p85*

甜面皮 + 杏仁奶油 + 卡仕达酱 + 蓝莓

南瓜马卡龙 ⇔ *p133*

马卡龙面坯 + 南瓜奶油 + 开心果

蒙布朗 ⇔ *p86*

甜面皮 + 杏仁奶油 + 糖渍黑加仑 + 栗
子奶油 + 栗子糖浆

巴黎－布雷斯特泡芙 ⇔ *p134*

泡芙皮 + 榛子奶油

奶酪蛋糕 ⇔ *p87*

甜面皮 + 奶酪奶油 + 柠檬风味杏肉果酱

昂贝奶酪马卡龙 ⇔ *p137*

马卡龙面坯 + 昂贝奶酪奶油 + 无花果蜜
饯

坚果香橙蛋糕 ⇔ *p88*

坚果饼干 + 果仁奶油 + 巧克力酱 + 香
橙果酱

黑加仑手指泡芙 ⇔ *p139*

泡芙皮 + 黑加仑慕斯奶油 + 黑加仑果酱

酸樱桃巧克力 ⇔ *p126*

巧克力外壳 + 巧克力酱 + 糖渍酸樱桃 +
开心果

香柠挞 ⇔ *p127*

香草面坯 + 柠檬奶油 + 开心果

法式夹心饼
petit four fourré

夹 心 半 熟 点 心

圆锥蛋卷 ⇔ *p106*

蛋卷面坯 + 巧克力酱 + 苦巧克力

开心果杏仁绵饼 ⇔ *p100*

加入开心果的海绵饼坯 + 开心果奶油

果仁圆饼 ⇔ *p106*

沙布列南特饼坯 + 杏仁果仁风味的黄油
奶油 + 焦糖杏仁饼 + 巧克力

榛子绵饼 ⇔ *p101*

加入榛子的海绵饼坯 + 榛子奶油

覆盆子圆饼 ⇔ *p106*

沙布列南特饼坯 + 覆盆子果泥 + 巧克力

巧克力椰蓉绵饼 ⇔ *p101*

加入可可粉的海绵饼坯 + 椰蓉 + 巧克力酱

法式软蛋糕
petit four demi-sec

半 熟 点 心

咖啡棒 ⇔ *p102*

达垮司面坯 + 咖啡巧克力酱 + 牛奶巧克力

开心果蛋糕 ⇔ *p125*

开心果面坯 + 糖衣 + 开心果

覆盆子夹心棒 ⇔ *p103*

达垮司面坯 + 覆盆子巧克力酱 + 苦巧克力

焦糖栗子饼 ⇔ *p135*

焦糖面坯 + 糖衣 + 栗子蜜饯

覆盆子挞 ⇔ *p104*

甜面皮 + 覆盆子果酱 + 达垮司面坯

熔岩巧克力蛋糕 ⇔ *p138*

巧克力面坯 + 开心果

蜗牛饼 ⇔ *p106*

红葡萄酒煮的无花果果酱 + 达垮司面坯 +
杏仁

糖果
confiserie

砂 糖 点 心

无花果奶糖 ⇔*p110*

用红酒煮无花果干和冷冻草莓

波尔多卷 ⇔*p24*

饼干 + 焦糖杏仁 + 椰蓉

巧克力奶糖 ⇔*p112*

开心果杏仁饼 ⇔*p30*

加入开心果糊的杏仁饼坯 + 开心果

开心果奶糖 ⇔*p112*

凤梨杏仁饼 ⇔*p31*

加入柠檬皮的杏仁饼坯 + 腌凤梨

杏仁奶糖 ⇔*p113*

松子杏仁饼 ⇔*p32*

加入橙子皮的杏仁饼坯 + 松子

椰子奶糖 ⇔*p113*

香橙杏仁饼 ⇔*p32*

加入橙子皮的杏仁饼坯 + 腌橙子皮

覆盆子奶糖 ⇔*p114*

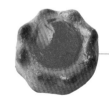

樱桃杏仁饼 ⇔*p33*

加入白兰地的杏仁饼坯 + 酒腌樱桃

苹果奶糖 ⇔*p114*

加入制作法式苹果挞用的苹果煮汁

核桃杏仁饼 ⇔*p33*

加入咖啡的杏仁饼坯 + 核桃

黄油奶糖 ⇔*p115*

果味牛轧糖　⇔p116

加入草莓粉的牛轧糖糖坯 + 杏仁

樱花糖　⇔p125

蒙特里马牛轧糖　⇔p118

牛轧糖糖坯 + 杏仁 + 榛子

芒果杏子软糖　⇔p130

芒果杏子软糖糖坯 + 白砂糖 + 开心果 + 盐之花

巧克力牛轧糖　⇔p118

加入苦巧克力的牛轧糖糖坯 + 杏仁 + 榛子

百香果棉花糖　⇔p119

覆盆子棉花糖　⇔p120

香草蜂蜜棉花糖　⇔p121

里昂杏仁果糖　⇔p122

杏仁蛋白 + 牛轧糖 + 蛋白糖霜

杏仁蛋糕糖　⇔p123

杏仁糖糖坯 + 蛋白糖霜

PUISSANCE

井上佳哉

手指酥
焦糖杏仁酥
巧克力沙布列
圆锥蛋卷
蝴蝶酥
小烤饼
椰子酥

波尔多卷
杏仁饼
┌ 香橙杏仁饼
├ 核桃杏仁饼
├ 开心果杏仁饼
├ 樱桃杏仁饼
├ 松子杏仁饼
└ 凤梨杏仁饼

小烤饼
Galette

能充分发挥杏仁和黄油的香味，是基础款的沙布列。

充分烤制将素材的味道发挥出来，给人以松脆的口感。

在蛋液中加入浓缩咖啡，可以使烤色更深。

材料（直径 4cm，300 块）

◉ 小烤饼面坯

黄油··	550g
低筋面粉··	500g
高筋面粉··	250g
杏仁糖* ··	500g
蛋黄··································· 2.5 个（L 号鸡蛋）	
牛奶··	50g

＊西班牙产马科纳杏仁粉和白砂糖等量混合而成。

◉ 蛋液

整个鸡蛋··	适量
浓缩咖啡··	少量

小烤饼面坯

1	2	3	4
		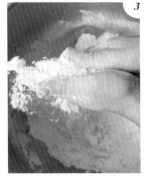	
将低筋面粉、高筋面粉、杏仁糖混合过筛。	用擀面杖将冷冻的黄油敲柔韧。和 *1* 一起放入搅拌碗中，如和面一样混合。	双手互搓时面粉呈沙粒状即可。	将蛋黄和牛奶倒入碗中，用打蛋器搅拌。

刷蛋液 1

完成 1

用低速搅拌器搅拌 *3*，然后迅速将 *4* 加入其中继续搅拌。

搅拌至粉末状消失后将面坯取出，用保鲜膜包好入冰箱冷藏至少 1 小时。最好可以冷藏一晚省面。

在整个鸡蛋中加入浓缩咖啡搅拌，用滤网过滤。

用擀面杖将小烤饼面坯擀成 5mm 厚，再用直径为 4cm 的菊花型模具压出小饼。摆放在烤盘上。

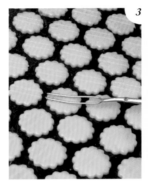

涂上一层薄薄的蛋液。放在室温下稍晾干后，再涂一层蛋液。

用开刃的叉子在表面画出纹理，再交叉画出斜着的纹理。

放入 160℃ 热风对流烤箱（打开风门）中，烤制约 20 分钟。

POINT

- 为了获得松脆的口感，要用力将面粉和成沙粒状为止，我们需要准备在冰箱中充分冷却的黄油，并要敲至柔韧无硬物。黄油太柔软会导致面团松软，太硬则会出现面疙瘩。

- 要将面坯烤至马上就要焦的程度，要充分地将杏仁糖的杏仁和黄油的香味调动出来。这一点也同样适用于其他小烤饼类点心。

圆锥蛋卷

Cornet

在一碰即碎的薄薄的蛋卷中挤入浓稠的果仁巧克力奶油。

坚果的香气扩散开来，是极为奢华的一款点心。

红色的碎杏仁使蛋卷更添可人气息。

材料（长 4.5cm，145 个量）

● **蛋卷面坯**

黄油	280g
白砂糖	304g
杏仁糖（p20）	180g
蛋清	375g
低筋面粉	280g

● **果仁巧克力**

苦巧克力（可可含量 55%）	100g
果仁（杏仁）	1kg

● **装饰用杏仁**

碎杏仁	适量
色素（红）	适量

口径 3cm、高 15cm 的圆锥形模具。多准备一些便于使用。

制作蛋卷面坯

1

将黄油放入微波炉中稍微加热，然后用打蛋器打成膏状。加入白砂糖充分搅拌混合。

2

加入杏仁糖，搅拌至粉末状消失。

3

加入一半量蛋清，充分搅拌，注意不要混入空气。搅拌后将剩余的蛋清加入，以同样方法继续搅拌。

4

低筋面粉过筛加入后继续搅拌。

5

充分搅拌至面疙瘩消失，呈光滑状。

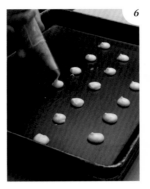

6

放入装有口径 6mm 圆形裱花嘴的裱花袋中。在烤盘中挤出稍微厚一些的直径为 1.5cm 的圆形。

7

把烤盘稍微拿起，然后摔在案台上让面坯铺开。

8

放入 180℃的烤箱（打开风门）中，烤制 10 分钟至整体呈焦色。

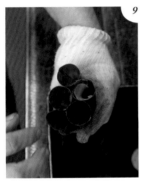

9

将刚烤好的柔软面坯用手指压入到圆锥形模具中。为了不使面坯冷掉，尽量在烤箱门附近快速操作。

10

在模具中放置一段时间使之定型。

11

用手敲模具口将蛋卷倒出来。室温冷却。

果仁巧克力

1

苦巧克力隔水熔化后放入果仁，用橡胶刮刀搅拌至光滑状。

装饰用碎杏仁

1

用水将碎杏仁淋湿，撒满红色色素。用烤箱的余温（100℃）烘干。

完成

1

将果仁巧克力放入装有口径 6mm 圆形裱花嘴的裱花袋中，挤入蛋卷中。

2

将碎杏仁撒在挤好的巧克力上。

3

在烤盘纸上摆好，置于室温中，待果仁巧克力凝固。

波尔多卷
Bouchon

在酥脆的面坯中挤入果仁奶油，制作出像软木一样的点心。

在诺曼底的一些店铺中，这款点心的人气已经到了即使一天到晚不停地制作也供不应求的程度。

这款点心的重点在于隐藏在奶油中的杏仁和边缘处的椰蓉。

材料［直径 2cm × 长 3.5cm，120 个量］

* 宽 3.5cm × 长 6cm × 厚 3mm 的镂空方形模具。

⦿ 焦糖杏仁

杏仁（纵切）*	200g
水	适量
白砂糖	50g
香草豆荚	1 个
黄油	少量

* 在 170℃的热风对流烤箱中烤制 15 分钟。

⦿ 饼干

杏仁粉	50g
榛子粉	50g
白砂糖 A	62.5g
蛋清	120g
白砂糖 B	62.5g
黄油、高筋面粉	各适量

⦿ 果仁奶油

牛奶巧克力（可可含量 35%）	360g
可可脂	50g
果仁（杏仁）	300g
果仁（榛子）	300g
黄油	240g

⦿ 装饰

苦巧克力（可可含量 55%）	适量
椰蓉*	适量

* 在 170℃的热风对流烤箱中烤制约 15 分钟。

焦糖杏仁

将水、白砂糖、香草荚和香草籽加入铜锅里，加热到 118℃。倒入装有杏仁的铜碗里，用木刮刀搅拌。	杏仁挂上糖衣、颗粒分明之后转中火。一边转动碗一边不停搅拌，直至砂糖熔化，杏仁上色。	待杏仁呈深茶色后关火加入黄油，使整体裹上黄油。这样就可以轻易地将每一颗杏仁分开。	将杏仁在案台上铺开，用手一颗一颗分开，初步冷却。然后铺在烤盘里冷却。

饼干

将恢复室温的蛋清放入搅拌碗中，高速搅拌。将白砂糖B分2次等量加入其中，打发至拉起尖角。

将已过筛的杏仁粉、榛子粉、白砂糖A一并一点点加入其中，用橡胶刮刀搅拌混合。

将膏状的黄油厚厚地涂在烤盘上，并在上面撒上高筋面粉。然后将镂空模具放在上面，用裱花刀将2刮入模具中。取下模具。

放入170℃的烤箱（打开风门）中，烤制约10分钟。

趁着面坯还没有凉，用板子将其剥下，用直径1.5cm的棒快速卷成卷。卷好后用力下压使边缘固定。

摆放在烤盘纸上冷却。

果仁奶油

隔水将牛奶巧克力和可可脂熔化。把2种果仁倒入搅拌碗中，用低速搅拌器搅拌。

将切成小块的黄油一点点加入，大体搅拌后调至高速，搅拌至黄油形状消失。入冰箱冷藏变硬。

完成

苦巧克力隔水熔化，用细棒蘸取并均匀地涂在饼干内部。饼干竖直放置。

搅拌器开低速，将果仁奶油搅拌开（如果奶油已经凝固变硬，可将碗放在炉子上加热一下），待搅拌开之后调到高速充分打发。

将2倒入装有口径6mm圆形裱花嘴的裱花袋中，挤到1中大约一半的位置。取2颗焦糖杏仁插入其中。

用2将剩余部分挤满。

5

6

将剩余的果仁奶油挤在案台上。使 4 的一端接触奶油，在案台上摩擦一下拿起，让奶油填满空隙部分。

两端粘满椰蓉。待第二天奶油紧实，味道融和后即可食用。

POINT

- 饼干容易发黏，所以要在烤盘上多涂一些黄油、多撒一些面粉再放上去。

- 如果面坯不保持柔软就无法卷出漂亮的圆筒形，所以不要将烤好的面坯从烤箱中拿出来，打开烤箱的门，直接卷烤好的面坯即可。因为面坯酥脆易碎，不要用力过度。卷曲用的棒太热容易弄破面坯，所以要事先多准备几根待用。

- 果仁奶油要尽量充分打发，避免口感太浓。

蝴蝶酥
Palmier

酥脆的千层酥面坯使人唇齿留香，
是一款充满黄油香味、魅力值满点的酥饼点心。
恰到好处的肉桂香给人更深入的味觉体验。

千层酥皮

1 将水、白砂糖、盐混合溶解，放置待用。

2 将涂抹用的黄油用擀面杖敲柔软，随意切成小块。

3 将中筋面粉铺在案台上，一边放入 2 一边用双手和面。在中央挖个坑，将 1 慢慢注入其中，和成面团后，放入冰箱最少冷藏 1 小时醒面。

4 用擀面杖敲打折叠用的黄油，敲打成正方形。

5 将 3 擀成可以包裹 4 的大小（厚 5mm），把 4 转 90° 放在 3 上。把 3 四角折叠，刚好可以包裹住 4。放入冰箱最少冷藏 1 小时。

6 折三折，共折两次，放入冰箱至少冷藏 1 小时。取出后再折三折，共折两次，放入冰箱中冷藏一晚。

7 把 6 擀开，取白砂糖（分量外）均匀撒在上面，再折三折。转 90°，重复上述动作，放入冰箱最少冷藏 1 小时。

8 用擀面杖擀成宽 30cm、长 60cm、厚 3mm 的面皮。切成 3 等份（10cm×60cm）。

材料［4cm×3.5cm，300 个量］

● 千层酥皮

水	450g
白砂糖	20g
盐	20g
中筋面粉	1kg
黄油（涂抹用）*	100g
黄油（折叠用）*	800g

＊请使用刚刚从冰箱中取出的黄油。

蛋液（整个鸡蛋）	适量
白砂糖	适量
肉桂粉	适量

完成

1 将切好的千层酥皮横放，均匀涂上蛋液，撒上白砂糖和肉桂粉。

2 将长边两端向中央折 1/4，再涂蛋液、撒上白砂糖和肉桂粉。

3 拿起离自己较远的长边一端对折，用手掌向下压，使各层紧密贴合。此处一定要紧密贴合，否则烤制的时候折叠部分裂开会影响形状的美观。放入冰箱最少冷藏 1 小时，之后再放入冷冻室使其凝固。

4 切成 1.2cm 宽，切面向上摆放在烤盘上。放入 170℃ 的热风对流烤箱（打开风门）中，烤制约 30 分钟。

椰子酥
Coco

是一款外酥里嫩，越嚼越香的椰子风味点心。

材料 [直径 2.5cm，300 个量]

椰子粉·····························80g
白砂糖····························300g
低筋面粉···························80g
整个鸡蛋···········6 个（L 号）
黄油·····························120g

1 把椰子粉、白砂糖、低筋面粉和打好的鸡蛋放入搅拌碗中。

2 加入熔化的黄油，用搅拌器低速搅拌混合。

3 倒入装有口径 14mm 圆形裱花嘴的裱花袋中，在烤盘上挤成直径为 2cm 的半球状。

4 放入 160℃的热风循环烤箱（打开风门）中，烤制约 20 分钟。

巧克力沙布列
Sablé chocolat

松脆的口感和可可略苦的味道相得益彰，杏仁的坚果香唇齿留香。
苦涩胜于甘甜，是一款适于成年人食用的沙布列。

材料 [直径 3.5cm，350 个量]

低筋面粉··························577g
杏仁糖（p20）···············337g
可可粉···························135g
糖粉······························75g
黄油·····························562g
牛奶······························56g
碎杏仁···························225g

1 将低筋面粉、杏仁糖、可可粉、糖粉混合过筛。

2 用擀面杖将冷黄油敲打至柔韧、均一状。

3 把 *1* 和 *2* 放进搅拌碗里，用手握揉混合，再搓揉成砂粒状。

4 加入牛奶，用搅拌器低速搅拌。在完全混合前加入碎杏仁，搅拌混合。

5 分为 300g 一份。用手揉搓成棍状，拉长至 60cm。放入冰箱冷冻使之冷却凝固。

6 将 *5* 放在湿毛巾上滚动，润湿表面。在烤盘中撒上糖粉（分量外），把润湿的面坯放在烤盘中滚动，使其表面粘满糖粉。

7 切成 1.5cm 厚，放入 160℃的热风循环烤箱（打开风门）中，烤制约 25 分钟。

手指酥
Doigt

有嚼劲的蛋白酥皮点心。
满是果仁奶油和杏仁的味道。
Doigt 在法语中是"手指"的意思。

蛋白酥皮面坯

1 黄油打成膏状，加入杏仁糖用打蛋器粗略搅拌混合。倒入低筋面粉（不搅拌放置）。

2 将蛋清和白砂糖倒入搅拌碗中，高速打发至能拉起角，制作成蛋白霜。

3 将 *2* 分 3 次加入 *1* 中，每次都要用打蛋器充分搅拌至没有疙瘩。

4 倒入装有口径 6mm 圆形裱花嘴的裱花袋中，在烤盘中挤出长 3cm 的棒状。

5 在烤盘的对面侧放上碎杏仁。将烤盘向面前倾斜让杏仁粘在面坯上。倒掉多余的碎杏仁。

6 放入 170℃的热风对流烤箱（打开风门）中，烤制约 10 分钟。放置冷却。

完成

1 将一半蛋白酥皮上下翻转放置。

2 把果仁奶油倒入装有口径 6mm 圆形裱花嘴的裱花袋中，直线挤在 *1* 上。

3 将剩余的一半蛋白酥皮盖在 *2* 上，轻轻按压使之贴合。

材料［长 4cm，200 个量］

● 蛋白酥皮
黄油	150g
杏仁糖（p20）	300g
低筋面粉	75g
蛋清	150g
白砂糖	15g
碎杏仁	适量
果仁奶油（杏仁）	适量

焦糖杏仁酥
Disque

薄脆的甜面皮和四周的杏仁蛋白的酥软口感形成对比。
黑加仑果酱的果香和面饼的香味融合，是一款雅致的点心。

材料 [直径 4cm，150 个量]

● 甜面皮
（用下述材料制作，用量为 1/4 ）

黄油	1kg
糖粉	150g
蛋黄	4 个（L 号）
整个鸡蛋	4 个（L 号）
盐	7.5g
杏仁粉	450g
白砂糖	450g
低筋面粉	1.5kg

● 杏仁蛋白

杏仁糖（p20）	300g
水	30g
蛋清	30g

● 黑加仑果酱
（用下述材料制作，用量为 1/3 ）

黑加仑果汁	700g
白砂糖	700g
果胶	5g

甜面皮

1 将黄油打成膏状。加入糖粉，用打蛋器搅拌混合，注意不要混入空气。

2 分量外一个碗，将蛋黄、整个鸡蛋、盐倒入其中打匀。分 3 次倒入 *1* 中，每次都要用打蛋器充分搅拌至没有疙瘩。

3 将杏仁粉和白砂糖混合加入 *2* 中。用打蛋器充分搅拌至没有疙瘩。

4 加入低筋面粉，用刮板翻拌混合。翻拌至没有粉末残留，用提起折叠的手法翻拌。

5 从碗里取出面坯揉成团，用保鲜膜包裹好放入冰箱冷藏一晚。

杏仁蛋白

1 在碗中加入杏仁糖、水、蛋清，用打蛋器搅拌。

黑加仑果酱

1 取少量白砂糖和果胶混合，放置待用。

2 把黑加仑果汁倒入锅内，开火煮。待温度达到 80℃之后加入 *1* 搅拌。

3 沸腾后将剩余的白砂糖加入搅拌，煮至糖度达到 68%brix。

完成

1 用擀面杖将甜面皮擀成 2mm 厚的面饼，用直径为 4cm 的菊花形模具压制。

2 把杏仁蛋白倒入装有 6 齿 1 号星形裱花嘴的裱花袋中，在 *1* 的周围挤出圆形图案。在室温中放置一晚晾干。

3 放入 160℃的热风对流烤箱中（打开风门）中，烤制约 20 分钟。大体凉透。

4 将黑加仑果酱煮沸，待提起时呈黏稠的柔软状，倒入裱花袋里挤到 *3* 的中央。室温冷却至果酱凝固。

杏仁饼

Pâte d'amande cuit

杏仁饼是法国人非常喜欢的一类点心。

特点是外焦里嫩的口感。

因为面坯本身很柔软，也可以挤成小饼烤制成点心。

开心果杏仁饼 *Pistache*

材料

● 杏仁饼坯

(6 种的量。1 种需用 830g)

杏仁糊	1.5kg
杏仁粉	1.5kg
糖粉	900g
转化糖浆	180g
杏酱	600g
整个鸡蛋	300g

● 涂抹用（6 种的量）

阿拉伯树胶粉	75g
水	250g

● 开心果杏仁饼（120 个量）

杏仁饼坯	830g
开心果糊	24g
开心果（生）	24g
开心果（装饰用）	适量

POINT

☞ 杏仁饼坯在冰箱冷藏一晚醒面，制作的时候更易成形。也可冷冻保存。

☞ 由于是柔软到可以用于裱花的面坯，因此抻开后若不快速冷冻使之保持坚硬状态，就没有办法完好地脱模。

☞ 成形后在室温中放置 2 天晾干，在烤制的时候更容易上色。还能让面坯保持紧致。

杏仁饼坯

将所有材料倒入搅拌碗中，用搅拌器低速搅拌。

整体搅拌至没有疙瘩即可。然后分成 830g 一份。

涂抹液

把阿拉伯树胶粉和水混合，隔水熔化。

开心果杏仁饼

将杏仁饼坯、开心果糊、开心果用搅拌器低速搅拌混合。大体搅拌之后用保鲜膜包好放入冰箱冷藏一晚。

在硅胶垫上放两根高为1.5cm的铁棒，把面坯放在铁棒间。用擀面杖将其擀成1.5cm厚的面饼。快速冷冻。

取直径为3cm的圆环模具，如图将面饼压成月牙状，然后摆在铺有硅胶垫的烤盘中。

将装饰用的开心果摆在上面。在室温中最少晾2天。

将两个烤盘重叠，在上火230℃、下火200℃的烤箱（打开风门）中烤约10分钟。烤制完成后立刻用做好的涂抹液轻轻涂一层，室温冷却。

材料 [80个量]

腌凤梨

糖水凤梨（罐头）	适量
波美度30°的糖浆	适量
水饴	适量
杏仁饼坯	830g
柠檬皮（切细丝）	2个量
色素（黄）	适量
涂抹液（p30）	适量

凤梨杏仁饼 *Ananas*

1. 制作腌凤梨。糖水凤梨过水，加入到沸腾的波美度30°的糖浆中，关火。盖上纸，室温腌制一晚。

2. 将凤梨捞出，糖浆煮沸。然后将凤梨倒回糖浆中，再在室温中腌制一晚。以上重复5次（5天）。

3. 将凤梨捞出，在糖浆中加入水饴，开火煮。待糖度达到68%brix，再将凤梨倒入其中继续腌制。

4. 搅拌器调低速，将杏仁饼坯、柠檬皮丝、色素搅拌在一起（a）。放入冰箱冷藏一晚。

5. 用擀面杖擀成3mm厚的面饼，分成2等份。

6. 将3切成5mm厚的圆片，拭去水分，摆放在5的一张面饼上。然后将另一张面饼盖在上面。用带有纹路的擀面杖擀出线条纹理。

7. 沿着凤梨的形状，用外直径7cm、内直径2cm的圆环模具切出形状。快速冷冻。

8. 用刀切成8等份，摆放在烤盘中，在室温中最少放两天晾干（b）。

9. 用与开心果杏仁饼"完成步骤*1*"（见本页右上方）相同的方法烤制，涂上涂抹液。

松子杏仁饼 *Pignon*

材料［80 个量］

杏仁饼坯·······························830g
腌橙子皮（切碎末）·········150g
松子（生）··························· 适量
涂抹液（p30）··················· 适量

1 搅拌器调低速，将杏仁饼坯、腌橙子皮一并搅拌，放在冰箱中冷藏一晚。

2 和 p31"开心果杏仁饼的步骤 *2*"一样，擀成 1.5cm 厚的面饼。将松子撒在上面，滚动擀面杖让松子粘在面饼上，快速冷冻。

3 用直径为 3cm 的菊花形模具压成小饼，在室温中最少放 2 天晾干。剩余面坯可以在下次需要时使用（下同）。

4 用与 p31 开心果杏仁饼"完成步骤 *1*"相同的方法烤制，涂上涂抹液。

香橙杏仁饼 *Orange*

材料［80 个量］

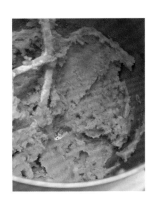

杏仁饼坯·······························830g
腌橙子皮（切碎末）········· 50g
色素（红、黄）··················· 适量
腌橙子皮（装饰用。用模具压成
月牙状）····························· 适量
涂抹液（p30）··················· 适量

1 搅拌器调低速，将杏仁饼坯、腌橙子皮、色素一并搅拌，放在冰箱中冷藏一晚。

2 和 p31"开心果杏仁饼的步骤 *2*"一样，擀成 1.5cm 厚的面饼。快速冷冻。

3 用长径 3.5cm、短径 2.5cm 的船形模具压出小饼，摆放在烤盘上。放上装饰用的腌橙子皮，在室温中最少放 2 天晾干。

4 用与 p31 开心果杏仁饼"完成步骤 *1*"相同的方法烤制，涂上涂抹液。

樱桃杏仁饼 *Cerise*

材料［80 个量］

杏仁饼坯·····················830g
樱桃白兰地····················适量
色素（红）····················适量
酒腌樱桃·····················40 个
涂抹液（p30）·················适量

1 搅拌器调低速，将杏仁饼坯、樱桃白兰地、色素一并搅拌，放在冰箱中冷藏一晚。

2 和 p31 "开心果杏仁饼的步骤 *2*" 一样，擀成 1.5cm 厚的面饼。快速冷冻。

3 用直径为 3cm 的菊花形模具压成小饼，摆放在烤盘上。将酒腌樱桃对半切开放在上面，在室温中最少放 2 天晾干。

4 用与 p31 开心果杏仁饼 "完成步骤 *1*" 相同的方法烤制，涂上涂抹液。

核桃杏仁饼 *Noix*

材料［80 个量］

杏仁饼坯·····················830g
浓缩咖啡·····················适量
核桃（生。对半切开）······适量
涂抹液（p30）·················适量

1 杏仁饼坯上撒上浓缩咖啡，搅拌器调低速搅拌，放在冰箱中冷藏一晚。

2 和 p31 "开心果杏仁饼的步骤 *2*" 一样，擀成 1.5cm 厚的面饼。快速冷冻。

3 用长径 3cm、短径 2.5cm 的椭圆形模具压成小饼，摆放在烤盘上。将核桃放在上面，在室温中最少放 2 天晾干。

4 用与 p31 开心果杏仁饼 "完成步骤 *1*" 相同的方法烤制，涂上涂抹液。

Atelier UKAI

铃木滋夫

入口即化枫糖曲奇
贝壳形红茶柠檬果酱曲奇
椰子棒
维也纳花形树莓夹心曲奇
黑桃巧克力百香果曲奇

咸味奶酪曲奇
带皮杏仁曲奇
肉桂红果酱曲奇
芝麻焦糖曲奇
榛子生姜蛋白霜
草莓蛋白霜
青苹果薄荷蛋白霜

维也纳花形树莓夹心曲奇
Sablé viennois

当你打开法式小甜点的什锦套装，最先注意到的就是这款花形曲奇。
用独创的模具压成花瓣形的点心，糖粉与果酱红白相映，
两块稍微烤制的沙布列叠加在一起，入口即化，是一款细腻的点心。

材料 [直径 4cm，400 个量]

●沙布列面坯

黄油··································	750g
糖粉··································	300g
香草豆荚* ······························	1.5 根
盐·····································	7.5g
蛋黄··································	150g
低筋面粉······························	923g

＊香草豆荚纵切，取出籽，将香草籽与糖粉混合待用。

●覆盆子果酱

覆盆子果泥(无水煮后用搅拌器搅碎，再用滤网过滤而成。)

····································	750g
白砂糖······························	450g
柠檬汁······························	3/4 个柠檬
覆盆子白兰地························	38g

糖粉··适量

沙布列面坯

 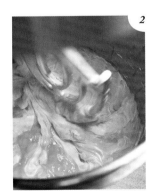  

1 将黄油、混合后的糖粉和香草籽、盐加入到搅拌碗中，先低速搅拌，中途调中速，搅拌至呈白色。

2 把蛋黄搅碎加入到 **1** 中。大体混合之后中速搅拌。

3 倒入过筛的低筋面粉，低速搅拌。搅拌至面坯充分黏合。

4 因为面粉较少，搅拌好的面坯会黏黏的。为了便于使用，需在室温中放置 15 分钟。

5

分成 620g 一份（不用的可冷冻保存）。撒上干粉，一边旋转一边擀成 2.5mm 厚的面饼。放入冰箱中冷藏 1 小时。

6

在模具上涂一层干粉，用模具压出花朵形。将取下模具后的面饼再揉成团，擀成 2.5mm 厚的面饼，再用模具压出花朵形。

7

将压好的面饼摆放在铺有烤盘纸的烤盘上。为了不让面饼变软，在烤盘下面放上冰块。

8

取 7 中一半的面饼，用外径为 13mm 的花朵形模具在中心压出空心。

9

放入 140℃的热风循环烤箱（打开风门）中，烤制约 24 分钟。

覆盆子果酱

1

将覆盆子果泥、白砂糖、柠檬汁放入铜锅中，边煮边搅拌。冷却后加入覆盆子白兰地。

组合完成

1

将中心镂空的沙布列放在网上，撒上糖粉。

2

把中心没有镂空的沙布列翻面，把沸腾后变柔软的覆盆子酱挤在中央。

3

如果在果酱还热的时候，就将 **1** 摆放在上面，糖粉便会受热熔化。所以要等稍微冷却之后再做夹心。

POINT

➻ 因为面粉较少，所以面坯较黏不容易操作，因此在搅拌后需要放置一段时间。发生水合作用之后更好操作。

➻ 为了获得柔软的口感，沙布列不要烤得过火，轻微上色即可。

➻ 在撒糖粉的时候需将甜点放在网架上，否则花瓣切面部分会聚集过多的糖粉，导致花心果酱粘上糖粉，影响美观。

原创花朵形黄铜模具（长径 4cm，1 列 8 个花朵）。市场上销售的模具多为 5 个花朵，此为 8 个。

入口即化枫糖曲奇

Sablé érable

盐之花的咸味发挥其效用，使得广受欢迎的黄油枫糖口味更加回味无穷。
面坯柔软，如不放在模具中烤制就无法成型，入口即化亦如三盆糖一般。

材料 [边长 4cm 的正方形，400 个量]

黄油··· 2kg
枫糖··· 750g
盐之花＊··· 25g
蛋黄··· 280g
低筋面粉··· 1kg
玉米淀粉··· 690g
枫糖（装饰用）···适量

＊盐之花碾碎待用。
如换成普通的食盐需减少用量。

沙布列面坯

将室温中恢复柔软的黄油、枫糖、盐之花放入搅拌碗中，用搅拌器低速搅拌。

为了不混入空气，需静静地搅拌至光滑柔软的状态。

放入蛋黄，低速搅拌。搅拌中途换刮板将材料上下翻搅。

将过筛的低筋面粉和玉米淀粉一并加入其中，搅拌。混合好后改中速搅拌至出现面筋。

因为面粉较少，和好的面坯非常柔软。

在边长 3.8cm 的正方形法式小甜点模具里喷上油。将面坯倒入装有口径 14mm 圆形裱花嘴的裱花袋中，从模具较低的位置开始挤满面坯。

用裱花刀抹平表面，沿模具边切出纹路。

放入上火 160℃、下火 150℃的烤箱中烤制 24 分钟。

冷却至体温后撒上盐之花。再厚厚地撒一遍盖住表面，放置冷却。

完全冷却后，用手取出沙布列。点心易碎，拿取时要小心。如图所示，底部也要均匀烤制。

POINT

☞ 充分和面。因为面粉较少，如果和面不充分没有面筋，烤制好的曲奇容易碎掉。像在餐厅食用餐后甜点一般，如果不需要打包带走，也可以将面粉的含量减少 15%，便会获得更加酥松的口感。

☞ 为了更好地表现黄油的牛奶感，烤制的时候可以稍微调低温度减少上色。

咸味奶酪曲奇
Sablé fromage

这款点心是作为"ukai亭"餐后下酒点心而诞生的。
埃德姆干酪的咸味和胡椒、辣椒粉的刺激融和成张弛有度的口味。
因事先将干酪粉碎，才使得烤制完成后的口感松脆清爽。

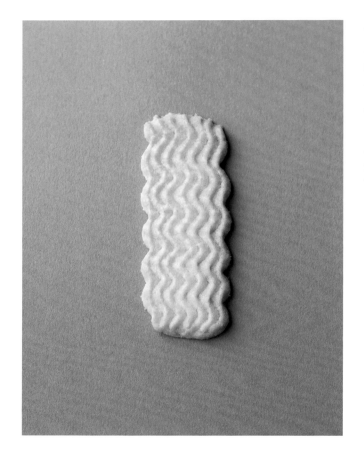

材料［2cm×5.5cm，300块量］

黄油	250g
糖粉	188g
盐之花*	5g
白胡椒粉	1.2g
辣椒粉	0.6g
整个鸡蛋	100g
牛奶	50g
杏仁粉	125g
埃德姆干酪（碎块）	315g
低筋面粉	225g

＊盐之花碾碎待用。

干酪沙布列面坯

将黄油、糖粉、盐之花、白胡椒粉、辣椒粉一并用搅拌器搅拌，先调低速，中途调至中速，搅拌至泛白即可。

将埃德姆干酪和低筋面粉用料理机粉碎，搅拌混合。事先将干酪和面粉混合，干酪不容易出现疙瘩，更容易和面坯融和。

将1充分搅拌，加入一半鸡蛋混合。

加入一半牛奶，中速搅拌。整体混合好后按顺序加入剩余的鸡蛋和牛奶，进一步搅拌。

5

面糊成团后，加入杏仁粉搅拌，与之混合。

6

将 *2* 的干酪和面粉加入其中，大体搅拌。整体搅拌均匀即可。

7

因为面坯中含有干酪，所以会呈现出豆腐渣的感觉。

烤制

1

倒入装有宽 16mm 平口裱花嘴的裱花袋中，在烤盘纸上挤出长 5.3cm 的波形小饼。为了保证清脆的口感，挤小饼的时候请保持厚度均一。

2

放入 120℃的热风循环烤箱中烤制约 30 分钟。为了充分发挥黄油的香味，注意不要烤过头。

POINT

- 如果放入过多的干酪，口感会变得油腻。事先将埃德姆干酪和面粉混合搅拌，面粉会包裹住干酪的油脂，从而获得清爽的口感。

- 为了获得松脆的口感，这里使用整个鸡蛋而不是蛋黄，并且在面坯中加入牛奶。

- 事先将香辛料一类加入面坯中，可以和面坯充分混合，使点心味道均匀。

- 因为面坯本身的水分较多，容易和干酪分离，因此在加入面粉和干酪之前要充分和面。

黑桃巧克力百香果曲奇
Wiener confiture

"想要做一款形状独特的小甜点"是这款点心成行的原因。
巧克力和百香果的组合是成熟人士的不二之选。
底部和黑桃边框拥有 2 种口感，非常有趣。

巧克力甜面皮

1 将黄油、杏仁糖、盐放入搅拌碗中，用搅拌器
   低速搅拌至泛白。
2 鸡蛋分数次加入其中，充分搅拌。将低筋面粉、
   可可粉、泡打粉、小苏打、杏仁粉混合过筛，
   加入其中，搅拌至粉末消失。
3 用保鲜膜包好放入冰箱冷藏一晚。

黄油面坯

1 将黄油、盐、糖粉倒入搅拌碗中，用搅拌器低
   速搅拌至泛白。
2 将鲜奶油和蛋白混合，分数次加入 *1* 中。每次
   都充分搅拌。
3 将低筋面粉、可可粉、小苏打混合过筛，搅拌
   至粉末消失。

百香果果酱

1 将一部分白砂糖和果胶混合待用。
2 将百香果果泥、白砂糖、镜面果胶置于火上熔化。
   煮沸后加入 *1* 搅拌。
3 使用之前煮至适当浓度，加入椰子利口酒。

烤制、完成

1 将巧克力甜面皮擀成 3mm 厚的面饼，用心形
   模具压出小饼。摆放在铺有烤盘纸的烤盘上。
2 将黄油面坯倒入装有 8 齿 2 号星形裱花嘴的裱
   花袋中，沿着 *1* 的边缘从心形的凹处挤至尖角。
3 放入 140℃的热风循环烤箱中烤制约 24 分钟。
4 完全冷却后撒上糖粉。在挤好的面坯内侧注入
   温热的百香果果酱。

材料 [直径 4cm，500 个量]

◉ 巧克力甜面皮

黄油	800g
杏仁糖*	750g
盐	10g
整个鸡蛋	250g
低筋面粉	750g
可可粉	200g
泡打粉	5g
小苏打	10g
杏仁粉	125g

＊用带皮杏仁自制的杏仁糖。

◉ 黄油面坯

黄油	500g
盐	2.5g
糖粉	165g
鲜奶油（乳脂含量 47%）	185g
蛋白	180g
低筋面粉	585g
可可粉	110g
小苏打	13g

◉ 百香果果酱

百香果果泥	1kg
白砂糖	600g
镜面果胶	320g
果胶	32g
椰子利口酒	适量
糖粉	适量

贝壳形红茶柠檬果酱曲奇
Wiener Earl-Gray

从柠檬茶中得到灵感制成的小点心。

将格雷伯爵红茶制成糊，加入大吉岭红茶粉，令人回味无穷。

点心虽小，但在组合的时候却是不可多得的亮点。

黄油面坯

1 将黄油和糖粉放入搅拌碗中，用搅拌器低速搅拌至泛白。

2 将鲜奶油、蛋白、红茶粉、红茶糊混合后加入 *1* 中，中速搅拌。

3 将低筋面粉、杏仁粉、玉米淀粉、格雷伯爵茶叶、红茶粉、小苏打、泡打粉混合过筛，加入 *2* 中。搅拌至粉末消失。

4 倒入装有 6 齿 3 号星形裱花嘴的裱花袋中，在铺有烤盘纸的烤盘上挤出长 2cm 的贝壳形小饼。这个状态下可以用来冷冻保存。

5 放入 140℃的热风循环烤箱中，烤制约 24 分钟。

柠檬果酱

1 将一部分白砂糖和果胶混合待用。

2 将柠檬、杏、百香果的果泥和剩余的白砂糖、镜面果胶一并煮化。煮沸后加入 *1* 中，充分混合。

3 使用前煮到适当浓度，加入利蒙切洛柠檬酒。

完成

1 在冷却的红茶曲奇的前端涂上刚煮好的柠檬酱即可。

材料 [长 2cm，600 个量]

● 黄油面坯

黄油	240g
糖粉	122g
鲜奶油（乳脂含量47%）	88g
蛋白	88g
红茶粉（大吉岭）	3.2g
红茶糊（格雷伯爵）	1.7g
低筋面粉	334g
杏仁粉	67g
玉米淀粉	48g
格雷伯爵茶叶*	24g
红茶粉（市售品）	8g
小苏打	6.3g
泡打粉	6.3g

● 柠檬果酱
（按以下量制作，使用 400g）

柠檬果泥	3375g
杏果酱	375g
百香果果泥	375g
白砂糖	2250g
镜面果胶	1350g
果胶	300g
利蒙切洛柠檬酒	适量

＊格雷伯爵茶叶碾碎待用。

＊使用无铝泡打粉。

带皮杏仁曲奇
Croquant aux amandes

有咬头的带皮杏仁和酥脆的曲奇的口感交融是这款点心的妙趣所在。
马科纳杏仁和巴伦西亚杏仁两种杏仁的使用保证了点心的美味。

材料 [边长 3cm 的正方形，520 个量]

低筋面粉	1kg	杏仁（带皮）*	400g
黄油	600g	珍珠糖	适量
糖粉	400g		
盐	2g	*所有材料均要充分冷却备用。	
整个鸡蛋	200g	*杏仁使用西班牙的马科纳杏仁和巴伦	
香草香精	适量	西亚杏仁各一半。	

1 将低筋面粉和冷却的黄油放入料理机中粉碎。
2 将 **1** 移入搅拌碗中，加入糖粉和盐，用搅拌器均匀搅拌。将混合好的鸡蛋和香草香精倒入其中，进一步搅拌。
3 将带皮杏仁放入碗中，大体搅拌。
4 将面坯擀成厚 8mm、40cm×60cm 的形状，放入冰箱冷藏一晚。
5 切成宽 2.2cm 的面饼，不烤制的放入冰箱冷冻保存。手上抹一层薄薄的蛋白（分量外），涂在珍珠糖上。
6 切成宽 1cm 的面饼，摆放在铺有烤盘纸的烤盘上。放入 160℃ 的烤箱（打开风门）中，烤制约 24 分钟。

榛子生姜蛋白霜
Meringue noixsette gingembre

生姜曲奇的蛋白霜版。蛋白和干燥蛋白同时使用，赋予点心清爽的口感。
生姜与蔗糖的搭配给人安心的味道。

材料 [直径 1cm，750 个量]

蛋白	450g	榛子（烤制、大块碎块）	225g
白砂糖 A	180g	生姜粉（市售）	9g
蔗糖	225g		
白砂糖 B*	45g	*白砂糖 B 和干燥蛋白混合待用。	
干燥蛋白（无糖）*	27.5g		

1 将蛋白、白砂糖 A、蔗糖放入碗中，置于 80℃ 的热水上，用打蛋器隔水搅拌。如果加热不足面坯容易松软，所以要充分加热。
2 将白砂糖 B 和干燥蛋白混合加入 **1** 中，用搅拌器搅拌使干燥蛋白化开。
3 倒入搅拌碗中，用打蛋器打发至余热散去。打发出稳定的气泡会使烤制完成的点心口感清爽，因此要充分打发。将榛子和生姜粉一并加入，搅拌并注意不要使气泡消失。
4 倒入装有口径 11mm 圆形裱花嘴的裱花袋中，在铺有烤盘纸的烤盘中挤出直径为 1cm 的三角水滴状面糊。
5 放入 80℃ 的热风循环烤箱（打开风门）中，干燥一晚。

青苹果薄荷蛋白霜
Meringue pomme vert menth

草莓蛋白霜
Meringue fraise

用干燥蛋白制作的蛋白霜可以直接呈现素材本身的味道，烤制完成的小点心口感清爽。

除了草莓、青苹果，尝试使用黑加仑、芒果、香蕉等各种果泥来制作果味蛋白霜也很有趣。

材料 [直径 1cm 或 2cm，一共 800 个量]

浓缩苹果汁 *	180g
青苹果果泥	216g
柠檬汁	72g
薄荷利口酒	42g
卡尔瓦多斯酒	42g
海藻糖	360g
白砂糖	108g
干燥蛋白（无糖）	51g
色素 *	适量
薄荷叶	2 片量

＊浓缩苹果汁是用 100% 苹果汁煮至 1/3 量制成的浓缩果汁。

＊色素用法国 sevarome 公司生产的 vert pistache 和 jaune citron 以 6：1 配比而成，适量使用。

1 将冷冻的青苹果果泥切成小块，和浓缩苹果汁混合。取一半与柠檬汁、薄荷利口酒、卡尔瓦多斯酒一起冷冻待用。

2 将白砂糖、干燥蛋白、色素混合待用。

3 将剩下的浓缩苹果汁和青苹果果泥与海藻糖一起上火煮至 80℃溶化。倒入 **1** 中充分搅拌。

4 将撕碎的薄荷叶和 **3** 一起用搅拌器搅拌，然后用打蛋器快速打发至凹凸状。

5 将 **4** 倒入装有大（口径 15mm）、小（口径 7mm）6 齿星形裱花嘴的裱花袋中。在铺有烤盘纸的烤盘上挤出圆形。

6 放入 80℃的热风循环烤箱（打开风门）中，干燥一晚。

材料 [直径 1cm 或 2cm，一共 800 个量]

草莓果泥	506g
草莓利口酒	38g
柠檬汁	19g
白砂糖	113g
干燥蛋白（无糖）	38g
海藻糖	412g
冷冻草莓粉	适量

1 取一半冷冻的草莓果泥切块，和草莓利口酒、柠檬汁一起冷冻。

2 白砂糖和干燥蛋白混合待用。

3 将剩余的草莓果泥和海藻糖上火煮至 80℃溶化。倒入 **1** 中充分搅拌。

4 将 **2** 倒入用搅拌器充分搅拌，然后用打蛋器快速打发至凹凸状。

5 将 **4** 倒入装有大（口径 15mm）、小（口径 7mm）6 齿星形裱花嘴的裱花袋中。在铺有烤盘纸的烤盘上挤出圆形。

6 撒上冷冻草莓粉，放入 80℃的热风循环烤箱（打开风门）中，干燥一晚。

芝麻焦糖曲奇
Florentin sésame

黑芝麻的香味和黄芝麻的甘甜让此款小点心如法式焦糖杏仁般可口。
焦糖中加入了产自塔希提岛的香草，烤制得恰到好处的沙布列与芝麻的香味相得益彰。
如"米花糖"一般口感上乘，大小又便于食用。

材料［2.5cm×3.8cm，90 个量］

● **沙布列面坯（按以下量制作，使用一半量）**

黄油	500g
糖粉	300g
蛋黄	160g
低筋面粉	1kg

● **芝麻饼坯**

黑芝麻	156g
黄芝麻	156g
蜂蜜	82g
白砂糖	162g
黄油	120g
鲜奶油（乳脂含量47%）	200g
香草豆荚（塔希提岛产）	2 根

沙布列面坯

1 参照 p36 "沙布列面坯 *1~4*" 的步骤制作面坯。揉成面团放入冰箱冷藏 1 天。

2 分为 820g 一份。放在撒好干粉（分量外）的底座上，擀成 3mm 厚的面饼。

3 放在铺有烤盘纸的烤盘上。在表面均匀刺出小洞。

4 放入 160℃的热风循环烤箱（打开风门）中，烤制约 15 分钟。取出，将面饼膨胀的地方用竹签扎破。

再放回烤箱中烤制约 15 分钟。

芝麻饼坯

将黑芝麻和黄芝麻在铺有烤盘纸的烤盘上铺开，放入上火 190℃、下火 150℃的烤箱中，烘烤 5 分钟。

将蜂蜜、白砂糖、黄油、鲜奶油、香草豆荚的豆荚和籽放入锅中，一边用刮刀搅拌一边中火煮。

煮至 114℃后从火上取下，倒入 1，充分搅拌。

组合、烤制

趁热将芝麻饼坯倒在沙布列面坯上，用裱花刀整体抹平。因为烤制过程中芝麻容易流下来，所以抹平的时候在边缘留少许空隙。

放入上火 190℃、下火 150℃的烤箱（打开风门）中，烤制约 13 分钟，拿出烤盘前后翻转再烤 5 分钟。芝麻饼坯的水分蒸发，饼坯列开洞即可取出。

待芝麻饼坯降至体表温度后，将其倒扣在案台上，取下烤盘。

趁热切掉沙布列边缘。用锯齿刀划出长 3.8cm、宽 2.5cm 的痕迹，先只切沙布列的部分。

用蛋糕刀等长刀从上到下垂直将芝麻部分切开，凉透即可。

肉桂红果酱曲奇

Sablé aux fruits rouges-cannelle

这是一款从香料热饮酒中得到灵感的小点心。

曲奇上涂抹了用红酒、月桂、丁香、黑胡椒制作成的红果酱，在口感上给人很大的冲击。

是一款不可多得的美味下酒点心。

沙布列面坯

1. 将黄油、白砂糖、盐之花倒入搅拌碗中，用搅拌器低速搅拌至泛白。
2. 均匀加入搅碎的鸡蛋。低筋面粉、泡打粉、肉桂粉一并过筛加入其中，搅拌至粉末消失即可。
3. 擀成 4mm 厚的面饼，然后放入冰箱里冷藏 1 小时以上。
4. 用口径 3.6cm 的可露莉模具压出小饼，摆放在铺有烤盘纸的烤盘上。放入 140℃的烤箱中烤制约 24 分钟。放置冷却。

红果酱

1. 将黑加仑、覆盆子、草莓果泥和杏肉果酱、白砂糖放入锅中，煮至沸腾，果酱和白砂糖都熔化后调小火，将月桂、丁香和黑胡椒加入其中增添香料的香味。
2. 从火上拿下，放在冰水中冷却。加入适量的马德拉酒。

糖衣

1. 将柠檬汁、红酒倒入糖粉中，用刮刀充分搅拌混合。

完成

1. 红果酱上火煮至方便涂抹的浓度。可以尝一下味道，有必要的话可以倒些马德拉酒调味。
2. 将 1 涂抹在沙布列表面。晾干后涂抹糖衣，放入 100℃的烤箱中烤 4 分钟，烤出光泽即可。

材料 [直径 3.6cm，300 个量]

◉ 沙布列面坯

黄油	1238g
白砂糖	660g
盐之花*	6.5g
整个鸡蛋	165g
低筋面粉	1650g
泡打粉*	16.5g
肉桂粉*	124g

＊盐之花碾碎待用。
＊泡打粉需使用不含铝的。
＊肉桂粉使用的是斯里兰卡产的甘甜、带有强烈香味的品种。

◉ 红果酱

黑加仑果泥	150g
覆盆子果泥	75g
草莓果泥	75g
杏肉果酱	400g
白砂糖	200g
月桂叶	0.5 片
丁香	1 粒
黑胡椒粒	1.5 粒
马德拉酒	适量

◉ 糖衣

糖粉	100g
柠檬汁	6g
红酒*	24g

＊红酒需选用像勃艮第红酒那样丹宁酸含量较少的口味轻的酒。

椰子棒
Sacristain aux coco

将千层酥坯扭成人们熟悉的千层卷，椰子风味浓郁。
除了椰子粉外，利口酒和香草精的使用进一步强化了点心的整体风味。
本款点心的魅力就在于充分的烤制使得点心嚼劲十足。

材料 [长 6cm，500 根量]

● 千层酥面坯

千层酥

高筋面粉	580g
低筋面粉	70g
盐	15g
白砂糖	15g
黄油	35g
冷水	310g
黄油（折叠用）	710g
高筋面粉	190g

椰子粉*	适量
白砂糖	适量
椰子利口酒	适量
椰子精	适量

*在椰子粉中加入适量椰子精（分量外），充分搅拌混合。

千层酥面坯

1 制作千层酥。将除冷水以外的千层酥材料倒入搅拌碗中，粉碎。

2 一边用搅拌器搅拌一边将冷水倒入碗中，整体和好后取出，揉成一团放入冰箱中冷藏。

3 用擀面杖敲打折叠用的冷黄油。撒上高筋面粉，擀成厚 1.5cm 的正方形。

4 在 2 上切十字刀，擀成 3 的大小。为了将黄油和千层酥面坯折叠，千层酥的面坯要擀成黄油的大小。

5 将 4 旋转 90° 放在 3 上，将黄油的四角折叠包裹住千层酥面坯。擀成 7mm 厚的面饼，四角折叠放入冰箱中冷藏。之后，按照折三折→折四折→折三折的顺序，一边折一边放入冰箱中冷藏。

成形、烤制

1 将千层酥擀成 1.5mm 厚、30cm×60cm 的面皮，放入冰箱中冷藏一晚。

2 在椰子利口酒中加入椰子精，混合。将其涂在 1 的表面。

3 将椰子粉和白砂糖按照 1:1 的比例混合，均匀撒在 2 上。盖上烤盘纸，用擀面杖在纸上按压，使椰子和白砂糖与面坯贴合。放入冰箱冷藏。

4 切成 3 等份（10cm×60cm）。3 片叠放，切成 1cm 宽的条状。一根一根扭转，每根扭 2 次，放入冰箱中冷冻（可在冷冻状态下保存）。

5 烤制前从冰箱中取出解冻。撒上糖粉，摆放在铺有烤盘纸的烤盘上。为了使扭好的纹理不散开，可以将其两端轻轻按压在烤盘上，140℃烤制约 25 分钟，内部也上色后调至 230℃烤制 1 分钟，烤出焦糖色。

SUSUCRE

下永惠美

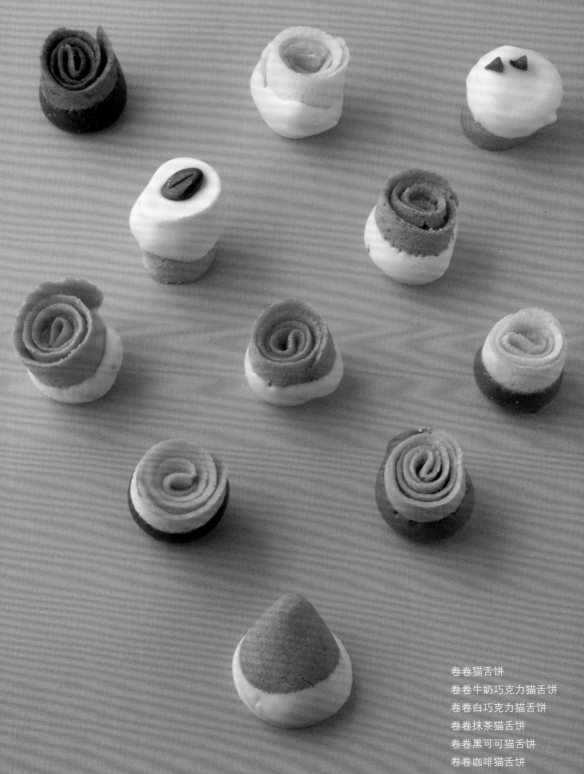

卷卷猫舌饼

卷卷牛奶巧克力猫舌饼

卷卷白巧克力猫舌饼

卷卷抹茶猫舌饼

卷卷黑可可猫舌饼

卷卷咖啡猫舌饼

卷卷草莓猫舌饼

卷卷葡萄猫舌饼

小草莓

手捏曲奇（香草味）

以上新粉为基础制成的简单曲奇，给人松软、酥脆的独特口感。
单手一捏即可成形，因此被称为"手捏曲奇"。

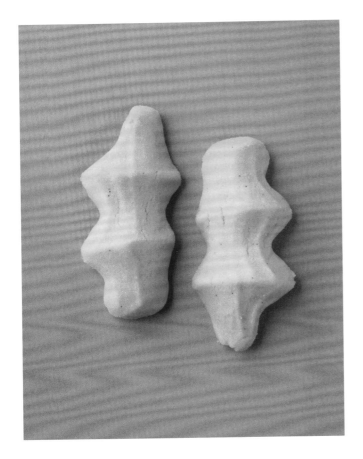

材料［长 7cm，55 个量］

◉ 曲奇面坯
上新粉（大米磨成的粉）·······································230g
糖粉··65g
低筋面粉···150g
黄油··200g
香草籽···1/4 根量

曲奇面坯

将上新粉和糖粉一起过筛。
低筋面粉也过筛后待用。

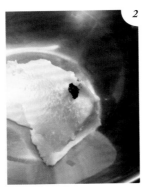

黄油恢复室温，用刮刀搅拌
成膏状。加入香草籽。

倒入 **1**。

双手揉面，将黄油和粉类混
合。

最初面会粘手，但渐渐就能揉成团了。

当面不再粘手，也不再呈粉末状后揉成一团。因为上新粉的比例较多不会出现面筋，所以不用担心会揉过度。

成形

取适量面坯（1个为11~12g）握在手中，用食指、中指、无名指握出形状。

反复握7~8次即可成形。

烤制

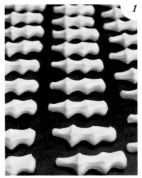

摆放在烤盘上，放入130℃的烤箱中烤约35分钟。

待表面膨胀即烤好。因为面坯中不含鸡蛋，所以不会上色。从烤箱中取出，放在烤盘中冷却。

POINT

- ☞ 由黄油、面粉（上新粉和低筋面粉）、糖粉构成的面坯是基础款的面坯。上新粉的面坯很容易操作，不用担心揉过度，也没有必要醒面。另外，也容易发挥加入其中的素材的味道，诸如可可、咖啡等，很容易出香味。

- ☞ 手捏曲奇光用上新粉就可以制作。虽然面坯松软不容易成团，但口感也因此变得松软，更能品味出黄油的风味。

- ☞ 因为不使用鸡蛋，所以不会上色。用手碰触的时候能感受到膨胀感就意味着烤好了。

手捏曲奇（巧克力味）

在手捏曲奇（香草味）的材料中，减去25g低筋面粉，换成50g可可粉。除了可可粉要与其他粉类一同加入之外，其他制作方法相同。

手捏曲奇（枫糖味）

在手捏曲奇（香草味）的材料中，用枫糖替换等量的糖粉。除了去掉香草籽之外，其他制作方法相同。

红薯饼

红薯风味的面坯包裹着黑芝麻面坯，制成红薯的形状。
其质朴的形状和令人怀念的味道意外地受到男女老少的欢迎。

曲奇面坯

1 与 p52 "曲奇面坯 *1~6*" 制作方法相同，将曲奇面坯 A 的材料混合。待不粘手后，分成每个重 2~3g 的圆球。

2 分量外一个碗，倒入曲奇面坯 B 的材料，同样混合搅拌。然后分成每个 9g 的圆球，用手掌轻轻压扁。包住 *1*。

3 将圆球揉成椭圆形，两端捏尖做成红薯的形状。用竹签在表面扎出 5 个洞。

4 摆放在烤盘上，放入 130℃的热风循环烤箱中烤制约 35 分钟。放在烤盘上冷却。

材料 [5cm × 2cm，60 个量]

● 曲奇面坯 A（内层面坯）

黄油	50g
上新粉	60g
含蜜糖*	16g
低筋面粉	20g
黑芝麻*	20g

● 曲奇面坯 B（外层面坯）

黄油	200g
上新粉	200g
糖粉	60g
低筋面粉	150g
红薯粉	30g

＊使用和田制糖的本和香糖。原产于冲绳，仅去除原料糖中不纯的物质，是矿物质含量丰富的含蜜糖。其上乘的风味与红薯和芝麻相结合成为质朴的面坯。

＊黑芝麻要选择炒熟的黑芝麻，在使用前进一步烘干。

橡子

用咖啡风味的上新粉面坯制成的一口大小的可爱形状。
牛奶巧克力糖衣给人治愈般的温柔味道。

曲奇面坯

1 黄油搅拌成膏状，上新粉、糖粉、低筋面粉和咖啡粉混合过筛，倒入其中。再加入香草籽，如p52"曲奇面坯**4~6**"的做法用手混合，揉成面团。

2 分成每个 8g 的圆球，揉成水滴状。

3 摆放在烤盘上，放入 130℃ 的热风循环烤箱中烤制约 35 分钟。放在烤盘上冷却。

完成

1 取牛奶巧克力约 1/2 的量放入碗中，用 50℃ 的热水隔水熔化。

2 熔化后从热水中将碗拿出，放入剩余的牛奶巧克力。放在烤箱旁边等温热的地方，不时地搅拌至光滑状态即可。

3 拿住曲奇尖头部，将一半浸入 **2** 中。垂直向上拿起，抖落多余的巧克力。放在白纸上晾干巧克力。

材料［4.5cm×3cm，100 个量］

● 曲奇面坯

黄油	200g
上新粉	230g
糖粉	65g
低筋面粉	150g
咖啡粉*	5g
香草籽	1/4 根量

● 完成

牛奶巧克力（可可含量 21%）	约 250g

＊使用了群马制粉出品的咖啡粉。将咖啡豆精细粉碎制作成用于烘焙的咖啡粉，突出了咖啡的风味。

简易回火

SUSUCRE 所使用的方法，适用于室温稳定的厨房。

1 将约一半量的巧克力放在 50℃ 的热水中隔水熔化（巧克力的熔点为 40℃~50℃），从水中取出。

2 加入剩余的巧克力，温度下降（26℃~28℃）后，放在烤箱旁等温热的地方再次升温（29℃~32℃），用刮刀不时地慢慢搅拌至光滑状态。

小刺猬

用巧克力和杏仁装饰的上新粉曲奇，制成可爱的刺猬形状。
关键是用稍微加热的巧克力在曲奇上画出立体的小鼻子和小眼睛。

曲奇面坯

1. 与 p52 "曲奇面坯 *1~6*" 的制作方法相同，将所有材料混合揉成面团。
2. 分为每个 8g 的圆球，揉成水滴状。
3. 直接放在烤盘上，放入 130℃的热风循环烤箱中烤制约 35 分钟。放在烤盘上冷却。

完成

1. 用 p55 的做法制作苦巧克力糖衣。
2. 握住曲奇尖部，将 3/4 浸入 *1* 中。垂直向上拿起，抖落多余的巧克力。摆放在白纸上，在巧克力的部分撒上杏仁。
3. 将 *1* 的巧克力放在烤箱旁等处，待巧克力温度升高后放入圆锥形裱花袋中，在 *2* 的曲奇部分画上鼻子和眼睛。

材料 [4.5cm×3cm，80 个量]

● 曲奇面坯

黄油	200g
上新粉	230g
糖粉	65g
低筋面粉	150g
香草籽	1/4 根量

● 完成

苦巧克力（可可含量 58%）	约 500g
杏仁屑（小碎粒，烘干）	100g

> 𝒫𝒪𝐼𝒩𝒯 ↬ 将巧克力稍微加热使之变柔软，之后画鼻子和眼睛，这样巧克力不容易脱落。

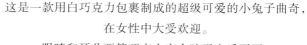

小兔子

这是一款用白巧克力包裹制成的超级可爱的小兔子曲奇，
在女性中大受欢迎。
眼睛和耳朵要等巧克力完全晾干之后再画。

曲奇面坯

1. 黄油打成膏状。上新粉、糖粉、低筋面粉、椰子粉过筛，和香草精一起加入其中。
2. 用 p52 "曲奇面坯 *4~6*" 的做法，用手和面揉成团。
3. 分成每个 10g 的圆球，用手揉成细长的椭圆体。
4. 直接摆放在烤盘上，放入 130℃的热风循环烤箱中烤制约 35 分钟。放在烤盘上冷却。

糖衣

1. 将白巧克力和草莓巧克力分别按照 p55 的做法熔化。
2. 将曲奇放在叉子上。整体涂满白巧克力后放在白纸上晾干。
3. 装入熔化的草莓巧克力，给 *2* 画上眼睛和耳朵。

材料 [2cm×5cm，76 个量]

● 曲奇面坯

黄油	200g
上新粉	250g
糖粉	60g
低筋面粉	150g
椰子粉	100g
香草精	数滴

● 糖衣

白巧克力	约 300g
草莓巧克力*	30g

＊草莓风味的烘焙用巧克力。

> 𝒫𝒪𝐼𝒩𝒯 ↬ 在糖衣巧克力上画眼睛和耳朵需要等巧克力完全晾干之后。因此，没有必要像制作"小刺猬"的时候那样再次加热巧克力。

小草莓

不论是外观，还是奇亚籽颗粒感十足的口感，都让人感觉这就是草莓！
一款可爱的饼干。用热风循环烤箱烤制而成的有趣的形状也是关键之一。

曲奇面坯

1 将含盐黄油打成膏状。
2 上新粉、糖粉、低筋面粉过筛后加入其中。再加入香草籽、草莓粉、奇亚籽。
3 用 p52"曲奇面坯 *4~6*"的相同做法，用手把面揉成团。
4 分成每个 10g 的圆球，用手揉成水滴状。置于手掌中，用另一只手的侧面在顶端做出尖角，然后放在案台上做成底面平整的圆锥体。
5 烤盘上铺上硅胶垫，将 *4* 摆放其上。放入 130℃的热风循环烤箱中烤制约 35 分中，放在烤盘中冷却。

糖衣

1 白巧克力按照 p55 做法熔化。
2 握住面坯的尖部，将下面的 1/4 浸入 *1* 中。垂直向上提起，抖落多余的巧克力，摆放在白纸上晾干。

材料 [底边 3cm × 高 3.5cm，60 个量]

● 曲奇面坯

含盐黄油	200g
上新粉	230g
糖粉	65g
低筋面粉	150g
香草籽	1/4 根
草莓粉	35g
奇亚籽	30g

● 完成

白巧克力	约 250g

POINT

☞ 用有对流功能的热风循环烤箱来烤制，点心尖端部分的形状和方向会出现偏转，这就是妙趣所在。

卷卷猫舌饼

这是一款将猫舌饼一圈一圈卷成优雅的玫瑰花形状的曲奇。
制作的关键就是在面坯刚烤好还非常柔软的时候就卷成卷。
裹上苦巧克力糖衣，完成华丽的装饰。

材料 [直径 2.5cm × 高 2.5cm，250 个量]

◉ 猫舌饼面坯

黄油	420g
糖粉	500g
蛋白	240g
香草精	1~2 滴
鲜奶油（乳脂含量 47%）	300g
低筋面粉	200g
高筋面粉	80g
杏仁粉	240g

◉ 完成

苦巧克力（可可含量 58%）	约 1kg

猫舌饼面坯

1　黄油恢复室温，用刮刀搅拌成膏状。
　　用打蛋器隔水打发至黏稠状。

2　加入糖粉，用打蛋器搅拌至光滑状。
　　加入蛋白和香草精，搅拌。

3　加入鲜奶油。搅拌时尽量避免混入
　　空气。

4　将低筋面粉、高筋面粉、杏仁粉一
　　并过筛，加入 3 中。用打蛋器搅拌
　　至粉末消失。

5　用刮刀的侧面刮落粘在碗边的面坯，
　　揉成一团。用保鲜膜包好，放在冰
　　箱中冷藏 3~4 小时。

成形、烤制

1

将猫舌饼面坯倒入装有口径8mm裱花嘴的裱花袋中。

2

在铺有硅胶垫的烤盘上挤出16cm的长条。

3

将挤好的面坯展开成薄片，放入150℃的烤箱中烤制约9分钟，直至边缘呈焦色。

4

趁面饼还热的时候快速卷成卷。打开烤箱门，在烤盘中将面坯向自己的方向卷紧实，卷到面前的时候再滚两圈。

5

把蘸巧克力糖衣的一端卷得凸出一些，不仅使形状更好看，也更加便于巧克力晾干。

6

为了使卷好的面坯不打开，将卷边的终点处向下放在烤盘上冷却。

完成

1

按照p55的制作要领，将苦巧克力回火至光滑状态。

2

将面坯卷凸出的一端向下浸入 *1* 中，浸到一半的位置。

3

将浸入的一端垂直向上提起，抖落多余的巧克力。

4

将裹有巧克力的一端向上，摆放在白纸上。

POINT

- 面坯冷掉了就会变硬，不能再卷曲，因此烤好后要趁热快速卷成卷。

- 如果将浸在巧克力中的面坯一点点上下移动，会让糖衣薄厚不均匀。因此要迅速提起并抖落多余的巧克力，才能裹上漂亮的糖衣。

卷卷牛奶巧克力猫舌饼

猫舌饼裹牛奶巧克力糖衣。

按照 p58 "猫舌饼面坯" 的材料和做法制作面坯。牛奶巧克力（可可含量 21%）回火，裹糖衣。

卷卷白巧克力猫舌饼

猫舌饼裹白巧克力糖衣。

按照 p58 "猫舌饼面坯" 的材料和做法制作面坯。白巧克力回火，裹糖衣。

卷卷抹茶猫舌饼

抹茶味的猫舌饼裹牛奶巧克力糖衣。

制作抹茶面坯，需在 p58 "猫舌饼面坯" 的材料中添加 15g 抹茶粉（无糖），与糖粉同时加入。做法虽然相同，但是为了保持抹茶鲜艳的颜色和香味，要将烤箱的温度调低至 146℃烤制约 10 分钟，就不会烤出焦色。牛奶巧克力（可可含量 21%）回火，裹糖衣。

卷卷黑可可猫舌饼

可可味的猫舌饼裹黑巧克力糖衣。

制作可可面坯时将 p58 "猫舌饼面坯" 材料中的低筋面粉减少 30g，换成 50g 可可粉（无糖）。可可粉和糖粉同时加入，其他做法相同。黑巧克力（可可含量 58%）回火，裹糖衣。

卷卷咖啡猫舌饼

咖啡味的猫舌饼裹白巧克力糖衣。
顶部装饰咖啡豆形状的巧克力。

制作咖啡面坯时要在 p58 "猫舌饼面坯"的材料中添加 10g 咖啡粉，与糖粉同时加入，其余做法相同。白巧克力回火，裹糖衣。在糖衣没有晾干的时候装饰上咖啡风味的巧克力。

卷卷草莓猫舌饼

草莓猫舌饼裹白巧克力糖衣。

制作草莓面坯时要在 p58 "猫舌饼面坯"的材料中添加 50g 草莓粉，与糖粉同时加入，其余做法相同。为了展现出草莓粉的粉色，要将烤箱的温度调低至 146℃烤制约 10 分钟，就不会烤出焦色。白巧克力回火，裹糖衣。

卷卷葡萄猫舌饼

葡萄猫舌饼裹白巧克力糖衣，
用巧克力屑做装饰。

制作葡萄面坯时要在 p58 "猫舌饼面坯"的材料中添加 50g 葡萄粉，与糖粉同时加入，其余做法相同。为了展现出葡萄粉的紫色，要将烤箱的温度调低至 146℃烤制约 10 分钟，就不会烤出焦色。白巧克力回火，裹糖衣。在糖衣没有晾干之前用巧克力屑装饰。

AU BON VIEUX TEMPS

河田胜彦

果仁蛋糕
玫瑰泡芙
樱桃蛋糕
开心果夹心蛋糕
黑加仑蛋糕

船形栗子蛋糕
覆盆子挞
椰子挞
番薯蛋糕

果仁蛋糕
Noyeau

用杏仁蛋白霜和蛋白制作而成的"泡芙皮面坯"是法式小甜点底坯中不可缺少的材料。
本款小点心就是柔软的面坯和微苦的核桃仁以及甘甜的翻糖组合制作而成的，
突出了核桃仁清爽的口感。

材料 [2.5cm×3.5cm，150 个量]

◉ 泡芙皮面坯

杏仁蛋白霜*	500g
蛋白 A*	50g
蛋白 B*	105g
低筋面粉	37g
核桃仁*、白砂糖	各适量

*杏仁蛋白霜的做法（容易制作的量）。取 1kg 杏仁过水焯去皮后与 1kg 白砂糖一起粉碎，加入 120g 蛋白，用手搅拌。用坚果滚轮滚滚 2 遍之后，放入冰箱冷藏保存。
*蛋白 A、B 都要使用新的蛋白。
*核桃仁对半切开，再对切开使用。

◉ 咖啡黄油奶油

黄油	300g
蛋黄糊*	100g
咖啡粉*	90g
意式蛋白霜*	100g

*蛋黄糊的做法（容易制作的量）。将 250g 白砂糖和 80g 水一起煮至 108℃，制作糖浆。将 8 个蛋黄（M 号）打散，倒入糖浆混合，用打蛋器高速打发。冷却至体温，提起时呈光滑的缎带状落下即可。可以冷冻保存。
*咖啡粉为真空冷冻咖啡豆磨成的粉末。
*意式蛋白霜的做法（容易制作的量）。将 200g 白砂糖和 65g 水一起煮至 122℃，制作糖浆。将 100g 蛋白打发至膨胀，倒入糖浆混合，用打蛋器高速打发。调中速搅拌到 42℃~43℃，继续搅拌至体温。

◉ 咖啡翻糖（适量取用）

翻糖（p67）	300g
波美度 30° 的糖浆	适量
浓缩咖啡（Trablit）	适量

泡芙皮面坯

用手将杏仁蛋白霜揉软。加入蛋白 A，将蛋白和蛋白霜揉到一起，揉均匀即可。

与 **1** 同时，用打蛋器高速打发蛋白 B，打发至立起尖角即可。

低筋面粉过筛倒入 **1** 中，取 **2** 的 1/3 加入用手轻轻混合搅拌。注意若不轻轻揉就会产生水分，面坯会变得松弛。

在搅拌完成前，将剩余的蛋白分两次加入，每次都用手轻轻搅拌。用刮刀将粘在碗边的面坯刮下来，整合成团。

5

倒入装有口径 9mm 裱花嘴的裱花袋中。在铺有白纸的烤盘上挤成长径 3cm、短径约 2.4cm 的椭圆形。

6

将核桃仁放在上面，撒上白砂糖，室温下放置一晚。一晚的放置可以防止面坯在烤制的时候膨胀。

7

放入 180℃的烤箱中烤制约 20 分钟。从烤箱中取出，在室温中放凉。

咖啡黄油奶油

1

将黄油放入碗中，碗底放在火上，一边稍稍加热一边用打蛋器将黄油打成膏状。

2

倒入蛋黄糊，搅拌至均匀（若使用冷冻的蛋黄糊，为了便于搅拌，将 *1* 的黄油打成更柔软的程度）。

3

倒入咖啡粉，搅拌。凉的面坯不容易搅拌，可以将碗放在火上稍稍加热再搅拌。

4

加入意式蛋白霜，用打蛋器充分搅拌。用刮板等将碗边刮干净，整合成均匀状态的奶油。

咖啡翻糖

1

将翻糖用手揉碎，放入锅中。倒入波美度 30° 的糖浆，调整硬度。倒入浓缩咖啡，上火制作。

2

时而放在火上时而取下，用木质刮刀搅拌，加热温度约为 30℃。搅拌成提起时呈缎带状落下的软硬程度即可。

完成

1

将已经冷却的泡芙皮面坯带纸从烤盘上取下，在烤盘上擦上少量的水。然后再将纸放回烤盘上（目的是为了让小饼容易从纸上取下来）。

2

将咖啡黄油奶油倒入装有口径 9mm 裱花嘴的裱花袋中，挤在核桃仁上。放入冰箱冷藏，使奶油凝固。

3

将小饼从纸上取下来，放在冷却网上。加热咖啡翻糖调节浓度，涂抹在 *2* 上。趁热放上核桃仁（分量外）。

船形栗子蛋糕
Barquette aux marrons

烤得刚刚好的挞托里挤满了杏仁奶油，再抹上栗子奶油，是一款法国人钟情的船形小甜点。
裹上咖啡和巧克力 2 种颜色的翻糖糖衣，中间用黄油做成的白线成为本款点心的加分点。

材料 [6.5cm×2.7cm，58 个量]

● 甜面皮面坯（按以下量制作，取 520g 使用）
黄油······························2kg
糖粉···························300g
盐·······························15g
整个鸡蛋···············8 个（M 号）
蛋黄·····················8 个（M 号）
杏仁糖* ·························1.8kg
低筋面粉·························3kg
＊用等量的杏仁和白砂糖、干燥后的香草豆荚一起，
用滚轮滚三次。

● 杏仁奶油（按以下量制作，取 370g 使用）
黄油···························250g
杏仁糖·························500g
整个鸡蛋·················4 个（M 号）

● 咖啡翻糖（按以下分量制作，取适量使用）
翻糖（p67）···················300g
波美度为 30° 的糖浆··············适量
浓缩咖啡·························适量

● 巧克力翻糖（按以下量制作，取适量使用）
翻糖（p67）···················400g
波美度 30° 的糖浆···············适量
可可膏···························54g
色素（红）·······················适量

● 栗子奶油
栗子糊···························200g
黄油·····························80g
牛奶·····························20g
朗姆酒···························10g
意式蛋白霜（p64）···············30g

朗姆酒···························适量
黄油·····························适量

甜面皮面坯

1 黄油用搅拌器由低速到中速搅拌成膏状。糖粉过筛倒入其中，搅拌至光滑状。加入盐。

2 将整个鸡蛋和蛋黄一起搅碎分 3~4 次倒入 1 中，每次都充分搅拌使之乳化。

3 杏仁糖过筛，取 1/5 的低筋面粉加入其中，用搅拌器从低速到中速搅拌至粉末消失，将剩余的低筋面粉倒入，搅拌。

4 粉末消失后取出放在案台上，轻轻敲打成团。用保鲜膜包好放在冰箱中最少冷藏 1 小时。

杏仁奶油

1 将黄油放入碗中，用打蛋器搅拌成稍硬的膏状。

2 杏仁糖过筛倒入，均匀搅拌。

3 将搅碎的整个鸡蛋分 3 次倒入，每次都用打蛋器充分搅拌。整体呈均匀状即可。

组合

1 将甜面皮面坯擀成 1.5mm 厚的饼皮，扎上小洞。压成比要使用的模具大一圈的圆形小饼。

2 压入长径 6.5cm 的船形模具中，与模具一起取下。

3 将杏仁奶油倒入装有口径 8mm 圆形裱花嘴的裱花袋中，在 2 中挤入八分满。摆放在烤盘上，放入 180℃ 的烤箱烤制 18~19 分钟。将挞托从模具中取出，放在冷却网上室温冷却。

咖啡翻糖

1 用手揉碎翻糖，放入锅中。加入波美度 30° 的糖浆，调节硬度。加入浓缩咖啡，混合。

2 时而放在火上时而取下，用木质刮刀搅拌，加热温度约为 30℃。搅拌成提起时呈缎带状落下的软硬程度即可。

巧克力翻糖

1 用手揉碎翻糖，放入锅中。加入波美度 30° 的糖浆，调节硬度。

2 时而放在火上时而取下，用木质刮刀搅拌，加热温度约为 30℃。搅拌成提起时呈缎带状落下的软硬程度即可。

3 按顺序加入熔化的可可膏、用少量水（分量外）溶化的色素搅拌。

栗子奶油

1 将栗子糊和切得大小适当的冷黄油用搅拌器高速搅拌。

2 牛奶分 2~3 次倒入，每次都充分搅拌。倒入朗姆酒，均匀搅拌。不时地用刮刀清理粘在搅拌碗边的奶油。

3 混合空气搅拌成蓬松的奶油状后加入意式蛋白霜，用刮板充分搅拌（a）。

完成

1 用毛刷在烤好的挞托中杏仁奶油的部分刷上朗姆酒（每个约刷 10g）。

2 用裱花刀将栗子奶油涂在上面，去掉多余的奶油，制作成高 1cm 的小山形状（b）。

3 将咖啡翻糖和巧克力翻糖加热，调节到容易涂抹的硬度。用裱花刀在 2 上将每种翻糖薄薄地抹上半面（c）。

4 将膏状黄油装入锥形裱花袋中，在 2 种颜色的翻糖中央挤一条线（d）。

> **POINT**
>
> ☞ 作为基底的甜面皮要充分烤制。如果烤得不酥脆，在涂抹栗子奶油的时候就容易碎掉。

■ 所谓翻糖

翻糖常在点心制作完成时使用。除了在带馅的点心中使用之外，在法式小甜点中很少用到。但是在 Au Bon Vieux Temps，它却是制作小甜点时不可缺少的一步。在"一口甜点"的小世界中，如果想要制作一款具有冲击力、完成度高的点心，用翻糖凸出甜味非常有效。根据点心的特点调整适合的翻糖颜色和浓度，给点心增加趣味。柔和并令人怀念是翻糖的魅力所在。

● 基本款翻糖（易于制作的量）

水⋯⋯⋯⋯⋯⋯⋯⋯ 1.6kg
白砂糖⋯⋯⋯⋯⋯⋯⋯⋯ 4kg
水饴⋯⋯⋯⋯⋯⋯⋯⋯ 300g

1 将所有的材料都放入锅中开火煮至118℃。

2 将 1 倒在大理石案台上，为了防止表面糖化，需要一边喷水（分量外）一边在托盘中铺开。待温度降至约40℃以下，从托盘中刮起，扣放，反复敲打至整体呈白色、快要碎了的状态即可。

3 用手揉至光滑状后，用保鲜膜包好在室温中保存。

取多量可以强调其甘甜和鲜艳的色彩。

翻糖也有防止点心干燥的作用。

椰子挞
Tartelette coco

在椰子奶油上挤上蛋白霜，
是一款洋溢着南国芳香的挞。

椰子奶油
1 用刮刀将意式蛋白霜捣碎，搅拌至光滑状。
2 加入椰蓉后大体搅拌，再加入椰子利口酒搅拌。

组合
1 将甜面皮面坯擀成 1.5mm 厚的面饼，扎小洞。用直径为 4cm 的菊花形模具压制。盖在直径为 4cm 的挞型模具上，用手指按进模具中。
2 摆放在烤盘中，放入 180℃的烤箱中烤制约 10 分钟，至边缘上色。取出，抹上蛋液（分量外），再放入烤箱中烤制约 5 分钟。烤好后即可脱模，放在冷却网上室温冷却。
3 将椰子奶油倒入装有口径 11mm 圆形裱花嘴的裱花袋中，挤在 2 上。
4 将意式蛋白霜倒入装有口径 11mm 圆形裱花嘴的裱花袋中，挤成 5 瓣花的形状。撒上椰蓉，用点火器轻烧使之上色。

材料［直径 4cm，60 个量］

● 甜面皮面坯（p66）………………………… 160g

● 椰子奶油
卡仕达酱（p69）…………………………… 400g
椰蓉……………………………………………… 40g
椰子利口酒……………………………………… 20g

● 意式蛋白霜（p64）……………………… 200g

椰蓉…………………………………………… 适量

覆盆子挞
Tartelette framboise

基底是烤得香气四溢的杏仁风味甜面皮。
黑加仑果冻和覆盆子果肉的酸甜味
在口中无限扩散开来。

黑加仑果冻
1 白砂糖和果胶混合待用。
2 将黑加仑果汁倒入铜锅中，煮沸。倒入 1，用漏勺搅拌，煮至糖度为 67%brix。随时撇掉沫。
3 倒在大方盘上，用保鲜膜密封，室温冷却。

组合
1 将甜面皮面坯擀成 1.5mm 厚的面饼，扎小洞。用直径为 4cm 的菊花形模具压制。盖在直径为 4cm 的挞型模具上，用手指按进模具中。
2 摆放在烤盘中，放入 180℃的烤箱中烤制约 10 分钟，至边缘上色。取出，抹上蛋液（分量外），再放入烤箱中烤制约 5 分钟。烤好后即可脱模，放在冷却网上室温冷却。
3 将黑加仑果冻倒入装有口径 11mm 圆形裱花嘴的裱花袋中，挤在 2 上。放上 3 颗覆盆子，撒上糖粉。

材料［直径 4cm，60 个量］

● 甜面皮面坯（p66）………………………… 160g

● 黑加仑果冻
白砂糖……………………………………… 150g
果胶………………………………………… 1.5g
黑加仑果汁＊………………………………… 150g
＊将黑加仑果泥倒在滤网上放置半天自然过滤出的果汁。

覆盆子………………………………………… 适量
糖粉…………………………………………… 适量

玫瑰泡芙
Petit chou rose

在香脆的泡芙皮上涂抹散发着浓郁柑曼怡利口酒香味的卡仕达酱。
表面涂抹的粉色翻糖更增添了点心的华丽感。

材料 [3.2cm×4.5cm，58 个量]

● **泡芙皮面坯**（按以下量制作，取 500g 使用）

牛奶	1kg
水	1kg
白砂糖	40g
盐	40g
低筋面粉	1.2kg
整个鸡蛋	1.6kg

● **卡仕达酱**（按以下量制作，取 700g 使用）

牛奶	1kg
香草豆荚	1 根
蛋黄	10 个（M 号）
白砂糖	250g
高筋面粉	100g
黄油	100g
柑曼怡利口酒	适量

● **玫瑰翻糖**（按以下量制作，取适量使用）

翻糖（p67）	300g
波美度 30° 的糖浆	适量
色素（红）	适量

泡芙皮面坯

1 将牛奶、水、白砂糖、盐和切成小块的黄油放入铜锅中，大火煮至沸腾，待黄油熔化，从火上取下。

2 低筋面粉过筛倒入，用木刮刀快速搅拌至粉末消失。

3 再次用大火加热，不停地用木刮刀搅拌以防烧焦。面坯不再粘锅底后，从火上取下。

4 将面坯倒入搅拌碗中，用搅拌器低速搅拌。待温度降至 60℃后将整个鸡蛋一个一个加入其中，每次都要充分搅拌，之后再加入下一个鸡蛋。

5 搅拌成奶油状，用木刮刀提起时缓慢流下，断面呈倒三角形即可。如果面坯较硬，可以加入少量鸡蛋调整。

6 趁热倒入装有口径 9mm 圆形裱花嘴的裱花袋中，在烤盘上挤成长径约 3cm、短径约 2.4cm 的椭圆形。

7 涂抹蛋液（分量外），在表面用叉子按压出格子图案。

8 放入 190℃的烤箱中烤制约 40 分钟。放在冷却网上，室温冷却。

卡仕达酱

1 将牛奶、香草豆荚的豆荚和籽放入铜锅中，小火煮。

2 将蛋黄、白砂糖倒入碗中，用打蛋器搅拌至泛白，高筋面粉过筛倒入，搅拌至粉末消失。

3 待 *1* 沸腾后，取一半加入 *2* 中，充分搅拌。然后将其倒回 *1* 的锅中，一边用打蛋器搅拌一边大火加热。沸腾后继续搅拌，待搅拌至手感轻盈时，从火上取下。

4 将切成小块的黄油加入其中，搅拌。

5 倒入方盘中，用保鲜膜密封。盘底放在冰上降温后放入冰箱冷藏保存。

玫瑰翻糖

1 用手揉碎翻糖，放入锅中。加入波美度 30° 的糖浆，调整硬度。时而放在火上时而取下，用木刮刀搅拌，加热温度约为 30℃。用少量水（分量外）将色素溶化，加入搅拌。

完成

1 用细的裱花嘴尖端在芙皮底部弄开小口。

2 卡仕达酱搅拌至光滑状之后加入柑曼怡利口酒搅拌。倒入装有口径 6mm 圆形裱花嘴的裱花袋中，从 *1* 的小洞挤进去。

3 将 *2* 向下浸入软硬调整适度的玫瑰翻糖中。上下来回移动抖落多余的翻糖，用手擦拭。

樱桃蛋糕

Griottine

夹心中糖衣杏仁的香味和酸樱桃的果味，与牛轧糖的香味混合在一起。
利口酒为其增添了成熟的味道。黄色糖衣的灵感来自于歌曲"黄樱桃"。

材料［直径3cm，20个量］

● **糖衣杏仁**
（按以下量制作，取200g使用）
杏仁·····················750g
糖粉·····················125g
白砂糖·····················1kg
水饴·······················50g
转化糖·····················50g
水·······················320g
朗姆酒·····················50g
黄油·······················50g
利口酒（完成时使用）·········适量

● **腌樱桃**
（按以下量制作，取适量使用）
酸樱桃（冷冻）·············2kg
水·························2kg
白砂糖·····················2kg

● **黄色翻糖**
（按以下量制作，取适量使用）
翻糖（p67）···············300g
波美度30°的糖浆·············适量
色素（黄）·················适量

● **巧克力翻糖**
（按以下量制作，取适量使用）
翻糖（p67）···············400g
波美度30°的糖浆·············适量
可可膏·····················54g
色素（红）·················适量

● **牛轧糖**
白砂糖·····················200g
水饴·······················5g
碎杏仁·····················100g

糖衣杏仁

1. 将杏仁和糖粉放入料理机中粉碎成1mm大小的碎块，倒入碗中。

2. 将白砂糖、水饴、转化糖、水一起倒入锅中，煮至118℃。

3. 一边将 **2** 的糖浆倒入 **1** 中一边用木刮刀搅拌，整体搅匀，搅拌至呈白色糖化状态，铺展在烤盘上冷却。

4. 洒上朗姆酒，用手将已经恢复室温的黄油捏碎加入其中，用手搅拌。

5. 用坚果滚轮滚一遍后揉成团，用保鲜膜包好，室温保存。

腌樱桃

1. 将水和白砂糖倒入锅中，煮至沸腾。加入酸樱桃，关火，室温中放置一晚。

2. 将腌渍的酸樱桃和糖浆分开，只把糖浆煮至沸腾。再次将腌渍的酸樱桃倒入糖浆中，腌渍一晚。

3. 等糖度达到55%~56%brix的时候，将 **2** 反复做5次，待凉透后放入冰箱冷藏保存。

黄色翻糖

1. 用手揉碎翻糖，放入锅中。加入波美度30°的糖浆，调整硬度。

2. 时而放在火上时而取下，用木刮刀搅拌，加热温度约为30℃。搅拌成提起时呈缎带状的软硬程度即可。

3. 用少量水（分量外）将色素溶化，加入其中搅拌混合。

巧克力翻糖

1. 用手揉碎翻糖，放入锅中。加入波美度30°的糖浆，调整硬度。

2. 时而放在火上时而取下，用木刮刀搅拌，加热温度约为30℃。搅拌成提起时呈缎带状的软硬程度即可。

3. 用少量水（分量外）将色素溶化，和已经熔化的可可膏一起加入其中搅拌混合。

牛轧糖

1 将白砂糖和水倒入铜锅中，大火煮。不时地用木刮刀搅拌，制作焦糖。

2 从火上取下，倒入碎杏仁，搅拌。再次放在火上，边搅拌边加热 1~2 分钟。

3 铺在烤盘中大体冷却后倒在硅胶垫上。因为牛轧糖此时还很热，请用硅胶垫揉搓，冷却。

4 上面也盖上一层硅胶垫，用擀面杖擀开。降温至大约 50℃。

5 放在馅饼机上伸展成 1mm 厚，然后压成直径 5cm 的圆形（剩余的牛轧糖揉成团保存，和 6 一样用烤箱加热变软后使用）。

6 放在半球形模具上，放入 100℃ 的烤箱中加热使牛轧糖变软，然后将牛轧糖按进模具中。切掉多余的部分，室温冷却后从模具中取出。

完成

1 糖衣杏仁（a）取所需用量捣碎，倒入利口酒，整体搅拌至顺滑。注意不要过度捣碾以免出油。

2 取糖粉（分量外）当作干粉撒上，将 1 揉成直径为 1cm 的小球，放在牛轧糖做的底上，将底填满。

3 擦干腌樱桃的糖浆，在 2 中每个小饼上放一个。然后在其上盖上 1，抹平（b）。

4 将黄色翻糖加热，倒入糖浆，调整为方便涂抹的软硬程度（c）。用裱花刀涂在 3 上。

5 巧克力翻糖同 4 一样加热调整硬度，装入圆锥裱花袋中，在 4 上画出漩涡图案（d）。

a   *b*   *c*   *d*

POINT

☞ 因为糖衣杏仁中砂糖的配比较少，在将糖衣杏仁捣碎的时候一定要注意力度，过度捣碾容易出油。

☞ 在制作腌樱桃的时候，要严格遵守糖度值。糖度从 20% brix 开始到 55%~56% brix 为止。

☞ 牛轧糖要加入少量的水饴，这样虽然容易发黏，但是不会糖化方便使用。

黑加仑蛋糕
Cassis

黑加仑慕斯幽深的颜色和酥软的杏仁饼干的芳香相融和。
点心的周围以杏仁饼干屑为点缀。

材料 [直径 3.5cm × 高 2cm，100 个量]

● **杏仁饼干**
（ 30cm×40cm 的烤盘 4 盘量，取 1 盘使用）
杏仁蛋白（p64）·························· 225g
糖粉······································· 150g
蛋黄······························· 6 个（M 号）
整个鸡蛋························· 1.5 个（M 号）
低筋面粉··································· 142g
熔化的黄油·································· 56g
蛋白······································· 180g
白砂糖······································ 18g

● **黑加仑慕斯**
黑加仑果泥·································· 300g
白砂糖······································ 75g
吉利丁片 *·································· 18g
黑加仑汁 *·································· 20g
意式蛋白霜（p64）··························· 90g
鲜奶油（乳脂含量 48%）····················· 162g
＊吉利丁片用水泡软待用。
＊黑加仑汁是用酒腌过的黑加仑的汁。

● **黑加仑镜面果胶**（ 按以下量制作，取适量使用）
白砂糖······································ 200g
果胶··· 5g
黑加仑果泥·································· 200g

● **完成**
杏仁饼干屑 *································适量
＊将烤好的杏仁饼干用滤网碾成细屑。

杏仁饼干

1　蛋黄和整个鸡蛋混合搅拌。
2　杏仁蛋白和糖粉倒入搅拌碗中，倒入 1/3 的 *1*，用搅拌器低速搅拌。待搅拌成光滑的膏状之后，倒入 *1* 剩余的一半，继续搅拌。
3　搅拌均匀之后将剩余的 *1* 倒入其中，调中速搅拌。搅拌至泛白，提起时呈丝带状即可。
4　与 *3* 同时进行，在蛋白中加入少量白砂糖，用打蛋器高速打发。待打发出大量泡沫后将剩余的白砂糖倒入，打发至拉出尖角。
5　低筋面粉过筛倒入 *3* 中。一边将 *4* 一点一点倒入，一边翻拌。
6　加入熔化到体表温度的黄油，从底部翻拌。
7　倒入铺有烤盘纸的烤盘中，用裱花刀刮成 8mm 厚。
8　放入 220℃的烤箱中烤制 7~8 分钟，连烤盘纸一起放在冷却网上室温冷却。

黑加仑慕斯

1　将黑加仑果泥和白砂糖放在火上加热混合。待白砂糖熔化后，从火上取下，拭去吉利丁片的水汽，倒入其中使之熔化。盖上保鲜膜，放到冰水中冷却。待温度降至 30℃之后倒入黑加仑汁。
2　鲜奶油打至七分发，取一半量加入 *1* 中，用打蛋器搅拌。将剩余的鲜奶油倒入意式蛋白霜中，用打蛋器轻轻搅拌，然后换成刮刀，从底部翻拌。

组合

1　取下杏仁饼干上的纸，用直径为 3.5cm 的圆形模具压制。
2　将直径 3.5cm × 高 2cm 的圆环形模具摆放在烤盘上，*1* 做底铺在下面。
3　将黑加仑慕斯倒入装有口径 11mm 圆形裱花嘴的裱花袋中，挤入 *2* 中。上面刮平，放入速冻机中冷却凝固。

黑加仑镜面果胶

1　将果胶加入少量白砂糖中混合待用。
2　将黑加仑果泥和白砂糖倒入锅中，上火煮。用木刮刀搅拌至沸腾。

完成

1　在冷冻的点心上涂上一层薄薄的黑加仑镜面果胶。取下圆环形模具，在侧面撒上杏仁饼干屑。

番薯蛋糕
Patate

名为"番薯"的这款点心，虽然看起来简单质朴，但是因为杏仁饼中加入了朗姆酒，
其味道就变得更加成熟。恰到好处的甜味在先，酒的醇香在后，喜欢这款点心的人定会不能自已。

材料［长3.5cm，35个量］

◉ 派皮面坯

杏仁饼干*（p72）	240g
朗姆酒	35g
朗姆酒黑加仑干	160g
杏肉果酱	100g

＊将杏仁饼面坯倒入烤盘中烤制，稍微干燥后使用。

◉ 完成

巧克力杏仁蛋糕

杏仁蛋糕	550g
波美度30°的糖浆	适量
可可膏	适量*
可可粉	适量*
可可粉	适量
黄油	适量

＊可可粉和可可膏的配比为9：1。用可可粉上底色，可可膏进一步加深颜色。

◉ 杏仁蛋糕（适合制作的量）

杏仁（去皮）	1kg
糖粉	1kg
波美度30°的糖浆	800g
白砂糖	2kg
水饴	300g

1 将杏仁和糖粉放入料理机，搅碎成粗粉状。

2 倒入碗中，再倒入沸腾的波美度30°的糖浆，用木刮刀搅拌。待泛白糖化之后，用保鲜膜盖好室温放置一晚。

3 将水、白砂糖、水饴倒入锅中，煮至133℃。

4 搅拌器调低速放入 2 中，一边将 3 倒入

一边搅拌，全部倒入后调中速进一步搅拌。

5 待面坯泛白，搅拌感到吃力的时候调低速继续搅拌。待搅拌至光滑不粘手之后用保鲜膜包好，室温保存。

派皮面坯

杏仁饼稍待干燥使用。掰成适当大小。

按顺序加入朗姆酒、朗姆酒黑加仑干，每次都用手边捏边搅拌。注意不要过分搅拌避免杏仁饼碎掉。

倒入杏肉果酱，同法搅拌。搅拌至可以揉成团后，再用杏肉果酱来调整软硬以便揉成一团。

取 15g 为 1 个，用手揉成椭圆的小球。放入冰箱中冷藏使之凝固。

完成

1

用手将杏仁蛋糕揉好，用水饴调整软硬。将熔化的可可膏和可可粉倒入其中揉好。

2

撒上糖粉（分量外），用擀面杖将 *1* 尽量擀薄一些。切成比小球派皮面坯宽 3cm 的带状。

3

用 *2* 将小球面坯包裹好，卷一圈。

4

两端包好，将多余的杏仁蛋糕用手掰掉。用手掌揉成团。

5

揉好后立刻裹满可可粉。抖落多余的可可粉。

6

用圆锥形模具在上面扎几个小洞。

7

黄油搅拌成膏状，装入圆锥裱花袋中，挤在 *6* 的小洞里。挤出的黄油可以当作番薯的芽。

POINT

✎ 杏仁饼因为使用了杏仁，味道更加浓郁。

✎ 派皮面坯如果搅拌过度口感就会变得单调，因此粗略搅拌是其关键。

✎ 小球派皮面坯一旦用杏仁蛋糕包好后要立刻涂满可可粉，因为干了以后就不容易裹上可可粉了。

开心果夹心蛋糕
Delice pistache

在杏仁和黄油制成的浓香四溢的柔软面坯中夹上一层薄薄的开心果风味奶油。
外面用翻糖裹糖衣，不仅可以将外表装饰得更加美观，还很好地防止了干燥。

材料 [长径 4cm、短径 3cm 的菱形，340 个量]

● **开心果饼干**
（ 30cm×40cm、高 5.3cm 的烤盘 4 盘量 ）
整个鸡蛋、蛋黄·····················各 6 个（ M 号 ）
杏仁蛋白（ p64 ）······························1.2kg
蛋白···180g
白砂糖···37g
熔化的黄油······································450g
玉米淀粉···125g

● **开心果奶油**
（ 按以下量制作，取 200g 使用 ）
黄油···300g
蛋黄糊（ p64 ）··································100g
开心果糊···60g
意式蛋白霜（ p64 ）······························100g

● **绿色翻糖**（ 按以下量制作，取适量使用 ）
翻糖（ p67 ）·····································300g
波美度 30° 的糖浆 ·····························适量
色素（ 黄、绿 ）·······························各适量

● **巧克力翻糖**（ 按以下量制作，取适量使用 ）
翻糖（ p67 ）·····································400g
波美度 30° 的糖浆 ·····························适量
可可膏···54g
色素（ 红 ）···································各适量

● **完成**
开心果（ 碎 ）

开心果饼干

1　将整个鸡蛋和蛋黄混合。
2　将杏仁蛋白、1/3 的 **1** 中蛋液倒入搅拌碗中。放在 40℃的热水上一边隔水加热，一边用搅拌器中速搅拌。搅拌至呈光滑膏状后将剩余的一半 **1** 倒入，搅拌均匀后再将剩余的 **1** 中蛋液加入，搅拌至泛白。
3　用搅拌器高速打发蛋白。整体打发后将白砂糖分两次加入，每次都充分打发制成蛋白霜。
4　将体温温度的黄油加入 **2** 中，翻拌。玉米淀粉过筛倒入其中，翻拌。将 **3** 倒入同法搅拌。
5　倒入铺有烤纸的烤盘中，放入 160℃的烤箱中烤制约 70 分钟。连纸一起放在冷却网上冷却，大致凉透后放入冰箱冷藏一天。

开心果奶油

1　黄油揉成膏状。
2　倒入蛋黄糊，用打蛋器搅拌均匀。
3　倒入杏仁糊搅拌。如果不好搅拌可以放在火上稍微加热。
4　倒入意式蛋白霜，用打蛋器充分搅拌。用刮板在碗中把奶油搅拌成均匀状。

组合

1　将开心果饼干切成 1cm 厚的 3 张（ 去掉烤面 ）。
2　取 1 张用裱花刀涂一层薄薄的开心果奶油（ 约 50g ）。
3　在 **2** 上放上 1 张饼干，用手掌轻轻按压使之贴合。抹上薄薄一层开心果奶油。
4　再放上 1 张饼干，上面和侧面都涂上一层薄薄的开心果奶油。放在冰箱里冷藏使之凝固。

绿色翻糖

1　用手揉碎翻糖，放入锅中。加入波美度 30° 的糖浆，调整硬度。时而放在火上时而取下，用木刮刀搅拌，加热温度约为 30℃。用少量水（ 分量外 ）将色素溶化，加入搅拌。

巧克力翻糖

1　用手揉碎翻糖，放入锅中。加入波美度 30° 的糖浆，调整硬度。时而放在火上时而取下，用木刮刀搅拌，加热温度约为 30℃。依次加入熔化的可可膏和用少量水（ 分量外 ）溶化的色素，搅拌。

完成

1　加热绿色翻糖，调节浓度。
2　切掉饼干的边缘，切成长径 4cm、短径 3cm 的菱形。底部插入扦子，面朝下浸入 **1** 中。将粘上翻糖的面朝上放在冷却网上。室温下凝固。
3　巧克力翻糖加热调节浓度，倒入圆锥形裱花袋中，在上面挤出一条线。将碎杏仁放上作装饰。

OCTOBRE

神田智兴

圣奥诺雷泡芙
小老鼠泡芙
巴黎泡芙
手指泡芙
天鹅泡芙

坚果香橙蛋糕
蓝莓挞
柠檬挞
蒙布朗
奶酪蛋糕

巴黎泡芙
Chou Parisienne

泡芙撒上杏仁和白砂糖烤制成一口大小。

虽然是小泡芙，但是制作的要点和泡芙的制作要点一样。

泡芙皮要烤得稍厚一些，卡仕达酱和鲜奶油混合制成的奶油内馅与泡芙皮相互补充。

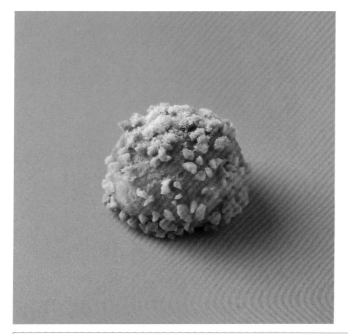

材料 ［直径 3.2cm，120~130 个量］

◉ 泡芙皮面坯
基本的泡芙皮

黄油	275g
牛奶	290g
水	290g
白砂糖	9g
盐	9g
低筋面粉	330g
整个鸡蛋	430~480g
碎杏仁（16 切）	适量
蛋液*	适量
白砂糖	适量

＊鸡蛋和蛋黄按照 1：3 的比例混合而成。

◉ 奶油

卡仕达酱	1kg
尚蒂伊奶油*	250g

＊鲜奶油（乳脂含量 42%）打至八分发。

◉ 卡仕达酱（适量制作）

冷冻蛋黄（加糖 20%）*	320g
白砂糖	296g
高筋面粉	192g
牛奶	1L
香草豆荚	1 根

＊如果使用蛋黄，要添加 64g 白砂糖。

1 将牛奶、香草的豆荚和籽放入锅中，煮至沸腾。

2 将解冻的冷冻蛋黄和白砂糖用打蛋器搅拌至泛白。高筋面粉过筛加入，搅拌至粉末消失。

3 将 1 过滤，倒入 2 中，用打蛋器搅拌。将 1 倒回锅中，中火加热，用木刮刀搅拌。

4 倒入碗中，碗底放入冰水中快速冷却。用保鲜膜密封放入冰箱冷藏保存。

泡芙皮面坯

黄油切小块和牛奶、水、白砂糖、盐一起倒入锅中，中火加热。

煮至沸腾之后从火上取下，低筋面粉过筛一次倒入。打蛋器用力搅拌，注意不要出现面疙瘩。

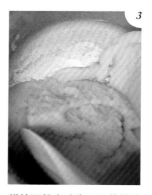

搅拌至粉末消失，呈蓬松均匀状之后，一边放在大火上加热一边用刮刀搅拌，使水分蒸发。待锅底呈现薄薄的膜状之后，从火上取下。

倒入搅拌碗中，用搅拌器中速搅拌，去除水分。待水汽消失后，调低速搅拌避免空气混入。

将 1/3 的整个鸡蛋倒入其中，搅拌至八分发状态后再加入 1/3 量搅拌。一边确认硬度一边加入剩余一半的鸡蛋。面坯会渐渐呈现光泽。

将剩下的鸡蛋捣碎，一边看着面坯的状态一边慢慢倒入，低速搅拌。搅拌至七八分状态后，换用刮刀搅拌。

提起面坯时，面坯从木刮刀上流下，断面呈三角形的话，面坯就制作完成了。如果觉得有些硬，还可以倒入剩余的鸡蛋调整。

成形

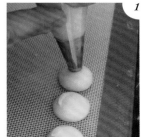

趁着面坯还热，将其倒入装有口径 10mm 圆形裱花嘴的裱花袋中，在硅胶垫上挤出直径为 28mm 的圆形。表面涂上蛋液。

用叉子的背面在泡芙皮上按压出格子花纹。

撒上碎杏仁。将多余的碎杏仁收拾好，泡芙皮连同硅胶垫一并放入冰箱冷冻。泡芙皮经过冷冻会进一步醒好。

烤制

在烤盘上喷上一层薄薄的油（分量外），将冷冻的泡芙皮摆放在烤盘上。顶部撒上足量的白砂糖。

放入 190℃ 的烤箱中烤制 30~40 分钟。在泡芙皮完全膨胀前打开风门。放在烤盘上冷却。

完成

在泡芙皮的底部刺开直径为 4mm 的小洞。

将卡仕达酱和尚蒂伊奶油搅拌混合，倒入装有直径 4mm 圆形裱花嘴的裱花袋中，挤入 1 中。

𝒫𝒪𝐼𝒩𝒯

↬ 在将鸡蛋倒入泡芙皮面坯之前，要将面粉和其他材料加热呈糊状。充分揉出面筋，烤制的时候更容易膨胀。在本食谱中使用的是有面筋的硬的泡芙皮面坯。

↬ 鸡蛋分数次倒入的时候，不要等完全搅拌好，大概搅拌至八分状态就可以再次倒入鸡蛋。搅拌过度容易使面坯分离，烤的时候不易膨胀。

↬ 成形后的泡芙皮可以冷冻保存。将冷冻好的泡芙皮从硅胶垫上取下放入塑料袋中保存，这样可以节省空间。另外，为了避免褪色要在 1 周内使用完。

圣奥诺雷泡芙
Saint-honoré

用千层酥面坯或油酥面坯组合制成"圣奥诺雷泡芙"的泡芙皮。

挤满了利口酒风味的卡仕达酱，又裹以酥脆微苦的焦糖糖衣，充满成熟的味道。

材料 [直径 3.2cm，120~130 个量]

◉ **泡芙皮面坯**
泡芙皮（p78）·······················全量
蛋液*····································适量
＊鸡蛋和蛋黄以 1∶3 的比例混合。

◉ **焦糖**
白砂糖·································适量

◉ **利口酒风味卡仕达酱**
卡仕达酱（p78）·················· 1.2kg
利口酒······························· 30g

泡芙皮面坯

1 泡芙皮面坯趁热倒入装有口径 10mm 圆形裱花嘴的裱花袋中，在硅胶垫上挤成直径为 2.8cm 的圆形。

2 涂上蛋液，用叉子的背面按压出格子花纹。连同硅胶垫一起放入冰箱冷冻使之冷却凝固。

3 在烤盘上喷上一层薄薄的油，将冷冻的 2 摆放在烤盘上。

4 放入 190℃的烤箱中烤制 30~40 分钟。在面坯完全膨胀前打开风门。冷却放置。

焦糖

1 将白砂糖倒入锅中，中火加热。因为很快就会变焦、黏度变强，所以一看到有焦色就要从火上取下。这一步要在组合前进行。

利口酒风味卡仕达酱

1 卡仕达酱用打蛋器搅拌，倒入利口酒，搅拌至光滑状。

组合、完成

1 在泡芙皮的底部刺一个直径为 4mm 的小洞。

2 开洞的一面向上，将泡芙的一半浸入焦糖中。

3 慢慢拿起泡芙，一直等到焦糖不再滴落为止（ a ）。保持方向不变放在硅胶垫上，将焦糖压平固定（ b ）。

4 将利口酒风味卡仕达酱倒入装有口径 4mm 圆形裱花嘴的裱花袋中。插入 **1** 的小洞中，挤满奶油。

小老鼠泡芙
Chou souris

一款非常可爱的小老鼠形状的泡芙，是"A.Lecomte"店的招牌点心。

因为是专为小朋友制作的点心，所以用料中并未加入酒类。

用巧克力画上的眼睛、鼻子和尾巴，让这款点心栩栩如生。

材料 [4.5cm×2cm，120~130 个量]

● 泡芙皮
泡芙皮面坯（p78）………… 全量
蛋液* ………………………… 适量
＊整个鸡蛋和蛋黄按照 1：3 的比例
混合。

● 完成用翻糖
翻糖…………………………… 适量
波美度 30° 的糖浆 ………… 少量

● 巧克力翻糖
（ 按以下量制作，取适量使用 ）
苦巧克力（可可含量 70% ）… 200g
翻糖………………………………… 100g
波美度 30° 的糖浆 …… 25~30g

卡仕达酱（p78）…… 1.2kg~1.3kg
碎杏仁* ……………………… 适量
＊放在 170℃烤箱中烘烤 5~10 分钟。

泡芙皮

1 将泡芙皮面坯趁热倒入装有口径 10mm 圆形裱花嘴的裱花袋中。在硅胶垫上挤成直径 2.2cm 的圆形再往面前抻成长约 3.2cm 的水滴形。

2 涂上蛋液，压出 3mm~4mm 的锯齿状纹理（参照 p83 的照片 a ）。连同硅胶垫一并放入冰箱中冷冻使凝固。

3 在烤盘上喷上一层薄薄的油，将 *2* 在冷冻的状态下摆在烤盘上。

4 放入 190℃的烤箱中烤制 30~40 分钟。烤制的时候,在泡芙皮完全膨胀前打开风门，冷却放置。

完成用翻糖

1 在翻糖中加入波美度 30° 的糖浆，一边倒入一边用刮刀搅拌至提起时呈缎带状落下的软硬程度即可。

巧克力翻糖

1 将苦巧克力放入微波炉中加热至熔化成光滑状。

2 将翻糖倒入碗中，倒入 *1*，用打蛋器搅拌。将波美度 30° 的糖浆慢慢倒入，用刮刀搅拌至提起时呈缎带状落下即可。

组合、完成

1 在泡芙皮的底部开一个直径为 4mm 的小洞。

2 在裱花袋上装上直径 4mm 的圆形裱花嘴，将卡仕达酱倒进裱花袋中。把裱花嘴插入 *1* 的小洞中，挤入满满的卡仕达酱。

3 拿住泡芙底部，将上半部分浸入完成用翻糖中。

4 慢慢拿起，用裱花刀将表面涂抹均匀并去掉多余的翻糖（a），用手擦拭。放在室温中凝固。

5 将巧克力翻糖装入圆锥形裱花袋中，在 *4* 上画出眼睛、鼻子和尾巴（b ）。

6 在眼睛上方割出浅浅的八字形刀口，各取 1 片碎杏仁插入当耳朵。

a

b

天鹅泡芙
Chou cygnet

挤上雪白的尚蒂伊奶油，撒上糖粉就完成了这款优雅的天鹅泡芙。
为使纤细的部位（身体、头、尾）很好地成形，关键在于烤制温度和时间的调整。

材料 [120~130 个量]

● 泡芙皮
泡芙皮面坯（p78）………… 全量
蛋液*………………………… 适量
＊整个鸡蛋和蛋黄按照 1 : 3 的比例
混合。

● 尚蒂伊奶油
鲜奶油（乳脂含量 42%）… 100g
白砂糖………………………… 6g

糖粉…………………………… 适量

泡芙皮

1　天鹅的身体部分。泡芙皮面坯趁热倒入装有口径 10mm 圆形裱花嘴的裱花袋中。在硅胶垫上挤出直径为 2.2cm 的圆形再往面前抻成长 3.2cm 的水滴形。

2　涂上蛋液，画出 3mm~4mm 的锯齿状纹理（参照 p83 的照片 a）。连同硅胶垫一并放入冰箱中冷冻使凝固。

3　在烤盘上喷上一层薄薄的油（分量外），将泡芙皮面坯倒入装有口径 4mm 圆形裱花嘴的裱花袋中。制作天鹅的头和颈部，先挤出头部的圆形（约 5mm），然后一边改变裱花嘴的方向一边挤出变形的 S 形。尾巴的做法是挤出圆形（约 5mm）后立刻拉起裱花嘴，就挤出了圆润的水滴形状（a）。连同烤盘一起放入冰箱中冷冻凝固。

4　在烤盘上喷上一层薄薄的油（分量外），将 **1** 的身体部分在冷冻状态下摆放在烤盘上。放入 190℃ 的烤箱中烤制 30~40 分钟。烤制的时候，在泡芙皮完全膨胀之前打开风门。冷却放置。

5　把 **3** 的头部和尾巴放入 190℃ 的烤箱中烤制 15 分钟（打开风门）。冷却放置。

尚蒂伊奶油

1　将白砂糖倒入鲜奶油中，碗底浸在冰水中用打蛋器打至八分发。

组合、完成

1　将身体部分的泡芙皮横向切两半。在上半部分的前端用剪子剪出倒 V 字，剪掉三角形使之看起来像翅膀一样（b）。切掉的三角形放在下半部分的泡芙皮上。

2　将尚蒂伊奶油倒入装有口径 5mm 星形裱花嘴的裱花袋中，将 **1** 挤满（c）。

3　将 **1** 的翅膀放在上面，再放上头和尾巴的泡芙皮，调整成天鹅的形状（d）。

4　撒上糖粉。

手指泡芙
Éclair

这是一款中间夹有巧克力尚蒂伊奶油，外面包裹着巧克力翻糖糖衣的泡芙。

也就是说，其做法和一般的手指泡芙是一样的。

正因为制作简单，翻糖和奶油甜度的平衡就尤为重要。

材料 [4.5cm×2cm，120~130 个量]

◉ **泡芙皮**

泡芙皮面坯（p78）·····················全量

蛋液* ·····························适量

＊整个鸡蛋和蛋黄按照 1：3 的比例混合。

◉ **巧克力奶油**

尚蒂伊奶油（p78）··················· 800g

鲜奶油（乳脂含量42%）·············· 300g

苦巧克力（可可含量70%）············· 180g

巧克力翻糖（p81）····················适量

成形、烤制

1　泡芙皮面坯趁热倒入装有口径 10mm 圆形裱花嘴的裱花袋中。在硅胶垫上挤成长 3.8cm 的棒状。注意两端要挤出圆形的弧度。

2　挤好之后，从一端开始涂上蛋液。压出 3mm~4mm 的锯齿状纹理（a）。连同硅胶垫一并放入冰箱中冷冻凝固。

3　在烤盘上喷上一层薄薄的油（分量外）。将 2 在冷冻状态下摆放在烤盘上。

4　放入 190℃的烤箱中烤制 30~40 分钟。烤制的时候，在泡芙皮完全膨胀前打开风门。冷却放置（b）。

巧克力奶油

1　用打蛋器将尚蒂伊奶油打散，倒入鲜奶油搅拌。

2　碗底放在热水中，倒入已经熔化的苦巧克力，用刮刀搅拌混合。

组合、完成

1　在泡芙皮的底部开一个直径为 4mm 的小洞。

2　将巧克力奶油倒入装有口径 4mm 圆形裱花嘴地裱花袋中。将裱花嘴插入 1 的小洞中，挤满奶油（c）。

3　底部朝上拿起，浸入巧克力翻糖中。慢慢提起让翻糖流下（d）。用裱花刀将表面涂匀后去掉多余的翻糖，用手擦拭。放在室温中使之凝固。

a　*b*　*c*　*d*

柠檬挞
Tarte citron

这是一款酥脆的甜面皮和鲜柠檬风味的香柠奶油组合的点心。
再配以微焦的蛋白霜装饰，为点心添加了一丝甘甜。

材料［直径 4cm，100 个量］

● 甜面皮
（按以下量制作，取 600g 使用）
黄油	500g
整个鸡蛋	190g
糖粉	245g
盐	4g
低筋面粉	1kg
泡打粉	7.5g

● 柠檬奶油
柠檬汁	250g
整个鸡蛋	300g
白砂糖	330g
柠檬皮（细丝）	50g
黄油	450g

● 意式蛋白霜
蛋白	100g
白砂糖	200g
水	65~70g

**● 柠檬风味的果胶*
镜面果胶（非加热型）	适量
柠檬汁	少量

＊在镜面果胶中加入 10% 柠檬汁混合而成。

甜面皮

1 搅拌器调低速搅拌已恢复室温的黄油。倒入整个鸡蛋、糖粉和盐，均匀搅拌。

2 低筋面粉和泡打粉一起过筛，倒入 **1** 中，用刮刀搅拌至粉末消失后用保鲜膜包好，放入冰箱冷藏一晚。

烤制底坯

1 将甜面皮擀成 1.5mm 厚的面饼，均匀地扎好小洞。

2 将直径为 4cm 的挞托模具摆放在烤盘上，间距均匀。将 **1** 放在模具上，从上向下按入模具使之铺在模具上。

3 分量外甜面皮(分量外)揉成直径为 3cm 的小球，将其放在 **2** 上，从上向下按压，使之紧密贴合。用擀面杖擀，切掉多余的面坯。

4 纸杯中放入重物，放在面坯上。放入 170℃ 的烤箱中烤制约 20 分钟（打开风门）。待完全冷却之后，取下模具和纸杯。此状态可以冷冻保存。

柠檬奶油

1 柠檬汁大火加热至沸腾。

2 将整个鸡蛋打碎，倒入白砂糖和柠檬皮，用打蛋器搅拌至泛白。倒入 **1** 中，参照卡仕达酱(p78)的要点制作。

3 倒进搅拌碗中，搅拌器调中速搅拌至多余的水分挥发，热气大致散发掉。加入切成小块的黄油，搅拌至光滑状。

4 倒入搅拌机中搅拌至黏稠状态。放入冰箱冷藏使之凝固。

意式蛋白霜

1 蛋白用打蛋器高速搅拌。

2 将白砂糖和水倒入锅中，煮至 117℃。

3 调中速搅拌 **1**，将 **2** 一点一点倒入。搅拌至降至室温，制作成细腻有光泽的蛋白霜。

组合、完成

1 用裱花刀在烤好的甜面皮边缘抹上大量柠檬奶油，放入冰箱冷冻使之凝固。

2 抹上柠檬风味的果胶。将意式蛋白霜倒入装口径 5mm 星形裱花嘴的裱花袋中，挤出高度。用喷枪在边缘烤出焦色。

POINT

☞ 意式蛋白霜一定要制作得细腻光滑并且充分凝固。否则，用喷枪烤制的时候会使整体都变成茶褐色，而不是边缘呈焦色。

蓝莓挞
Tarte myrtilles

将杏仁奶油夹心挞制作成一口可食的大小。
利口酒风味的糖浆和水灵灵的蓝莓装饰为点心增添了色彩。

材料［直径 4cm，100 个量］

甜面皮（p84）…………………………… 600g

● **杏仁奶油**
（按以下量制作，取 500g 使用）
黄油…………………………………………… 500g
杏仁粉………………………………………… 500g
糖粉…………………………………………… 450g
盐………………………………………………… 4g
整个鸡蛋…………………………………… 475g
低筋面粉……………………………………… 85g
朗姆酒………………………………………… 30g

● **利口酒风味糖浆**
波美度 30° 的糖浆 ………………………… 75g
水……………………………………………… 25g
利口酒………………………………………… 37g

● **完成**
卡什达酱（p78）………………………… 500g
蓝莓……………………………………………适量
镜面果胶（非加热型）………………………适量
金箔……………………………………………适量

杏仁奶油

1　将恢复室温的黄油放入搅拌碗中，倒入杏仁粉、糖粉、盐，用搅拌器低速搅拌。

2　搅拌至奶油状之后将打碎的鸡蛋一点点倒入其中，进一步搅拌。

3　低筋面粉过筛加入，搅拌至粉末消失之后倒入朗姆酒。整体搅拌至光滑状后整理成团放置。

利口酒风味糖浆

1　将波美度 30° 的糖浆和水一并煮沸，从火上取下。待凉透之后倒入利口酒搅拌混合。

烤制、完成

1　将甜面皮擀成 1.5mm 厚的面饼，均匀扎上小洞。铺在直径为 4cm 的挞形模具里，切掉多余的面坯。

2　杏仁奶油挤到七八分满。

3　摆放在烤盘上，放入 170℃的烤箱中烤制 20~25 分钟（烤到 10~12 分钟的时候将风门打开）。放在室温中冷却，随后取下模具。

4　在杏仁奶油上涂上利口酒风味的糖浆，在中央挤上少量的意式蛋白霜。

5　蓝莓涂上镜面果胶，一个挞上放 4 颗蓝莓装饰。再放上少许金箔装饰。

蒙布朗
Mont-blanc

在堆叠的栗子奶油上用煮至浓稠的栗子糖浆装饰，虽然小巧却有着强烈存在感的蒙布朗。

温和甘甜的奶油配以科涅克白兰地，与黑加仑的酸味相结合，更显美味不可多得。

材料 [直径 4cm，100 个量]

甜面皮（p84）····················	600g
杏仁奶油（p85）····················	500g

● 糖渍黑加仑（按以下量制作，取适量使用）
白砂糖····························	500g
水······························	1kg
黑加仑果实（冷冻）··················	500g
黑加仑果泥························	120g

● 科涅克风味糖浆（按以下量制作，取适量使用）
波美度 30° 的糖浆 ················	120g
水······························	70g
科涅克白兰地····················	80g

● 栗子奶油（按以下量制作，取 500g 使用）
栗子泥（Pâte de marrons）··········	500g
栗子酱（Crème de marrons）·········	500g
黄油····························	402g
鲜奶油（乳脂含量 35%）············	251g
朗姆酒··························	31g

栗子糖浆··························	适量
金箔····························	适量
糖粉····························	适量

糖渍黑加仑

1 将白砂糖和水倒入锅中，大火煮。

2 煮至沸腾倒入黑加仑的果实和黑加仑果泥，盖上纸质锅盖，小火煮约 40 分钟。冷却。

科涅克风味糖浆

1 将波美度 30° 的糖浆和水煮沸腾后从火上取下。冷却后倒入科涅克白兰地搅拌。

栗子奶油

1 将栗子泥倒入搅拌碗中，用打蛋器搅拌。

2 将栗子酱和恢复室温的黄油倒入栗子泥中，搅拌混合。

3 整体搅拌均匀后倒入鲜奶油，搅拌。倒入朗姆酒。

烧制、完成

1 将甜面皮擀成 1.5mm 厚，均匀扎出小洞。铺进直径为 4cm 的挞形模具中，切掉多余的面坯。

2 取杏仁奶油挤入七八分满，放上煮好的 3~4 颗黑加仑。

3 放入 170 ℃ 烤箱中烤制 20~25 分钟（烤到 10~15 分钟的时候打开风门）。放在室温中冷却，取下模具。

4 在杏仁奶油上涂抹科涅克风味的糖浆。将栗子奶油倒入装有口径 5mm 星形裱花嘴的裱花袋中，挤成圆丘状。

5 以栗子糖浆和金箔为装饰。撒上糖粉。

奶酪蛋糕
Tarte fromage

在烤得酥脆的底饼上挤上大量浓郁的奶酪奶油烤制而成的人气小点心。
柠檬风味的杏肉果酱味道酸甜，让浓郁的奶酪更增风味。

材料 [直径 4cm，70 个量]

甜面皮（p84） ······	400g

◉ 奶酪奶油

奶油奶酪 ······	500g
黄油 ······	80g
白砂糖 ······	50g
玉米粉 ······	25g
脱脂牛奶 ······	25g
蛋黄 ······	64g
转化糖 ······	40g
鲜奶油（乳脂含量 35%） ······	80g
蛋白霜	
蛋白 ······	105g
白砂糖 ······	80g
柠檬汁 ······	15g

柠檬风味的杏肉果酱* ······适量

＊在杏肉果酱中加入 10% 的柠檬汁搅拌而成。

甜面皮

1　将甜面皮擀成 1.5mm 厚，均匀扎出小洞。用直径为 4cm 的圆环模具压制。

2　在烤盘上喷上油（分量外），放入 170℃的烤箱（打开风门）中，烤制约 20 分钟。冷却。

奶酪奶油

1　将奶油奶酪隔水软化，用打蛋器轻轻搅拌至没有疙瘩。离水。

2　将恢复室温的黄油搅拌成膏状。

3　分量外一个碗，将白砂糖、玉米粉、脱脂牛奶倒入碗中。用打蛋器搅拌至光滑状。

4　再取一个碗，将蛋黄和转化糖倒入其中，用打蛋器搅拌至光滑状。倒入 3，搅拌均匀。

5　将加热到 45℃的鲜奶油倒入 4 中，用打蛋器充分搅拌。再先后加入 1 和 2，同法搅拌，滤渣。

6　制作蛋白霜。打蛋器调低速打发蛋白。将白砂糖分 3 次倒入，第二次加糖的时候倒入柠檬汁。第三次加糖之后充分打发至拉起尖角即可。

7　将 6 倒入 5 中，粗略搅拌。

烤制、完成

1　将甜面皮铺在直径为 4cm 的圆形硅胶模具底部，挤入奶酪奶油挤至七八分满。

2　放入 150℃烤箱中烤制 40 分钟，待表面成焦色即可。

3　连同模具一起放在室温中，大体凉透后放入冰箱中冷却固定。

4　取下模具，表面涂抹上柠檬风味的杏肉果酱即完成。

坚果香橙蛋糕
Noix et orange

将用方形模具制成的蛋糕切成小份制成的小点心。
除了有坚果夹心的浓郁面坯、果仁糖以及酸甜的香橙果酱外，
还有层层浓郁巧克力酱的加入，使这款点心更显奢华。

材料［ 36.5cm×56.5cm 的方形模具 4 个。2.8cm×
2.8cm× 高约 4cm 的点心约 220 个量 ］

◉ **坚果饼干**
碎杏仁（切碎粒）*	110g
澳洲坚果（捣碎）*	110g
榛子（捣碎）*	258g
核桃（捣碎）*	220g
杏仁糖	
｜ 杏仁粉	412g
｜ 糖粉	412g
水	80g
蛋白 A	80g
黄油	370g
蛋黄	590g
低筋面粉	348g
泡打粉	20g
蛋白霜	
｜ 蛋白 B	770g
｜ 白砂糖	140g

＊所有的坚果都要烘烤后使用。

◉ **果仁奶油**
果仁糖*	800g
黄油	1200g
卡仕达酱（p78）	300g
鲜奶油（乳脂含量 42%）	300g

＊果仁糖的制作方法。将杏仁（带皮）和榛子放入 170℃
烤箱中烘烤 10~15 分钟。取 500g 白砂糖、150g 水制作
焦糖。将杏仁和榛子倒入其中搅拌，放置一晚。放入料理
机中打成糊状。

◉ **巧克力酱**
苦巧克力（可可含量 54%）	680g
鲜奶油（乳脂含量 35%）	560g

◉ **糖浆**
波美度 30° 的糖浆	150g
水	100g
柑曼怡利口酒	300g

◉ **香橙果酱**
香橙果泥	500g
浓缩香橙粉	250g
橙汁	250g
白砂糖*	300g
果胶*	20g
橙子皮（切块）	200g
吉利丁片*	12g

＊将一部分白砂糖和果胶混合待用。
＊吉利丁片泡入水中放置。

镜面果胶（非加热型）⋯⋯⋯⋯⋯⋯⋯适量

坚果饼干

1 煮一锅水，沸腾后从火上取下。将碎杏仁、澳洲坚果、榛子、核桃在水中浸泡 40 分钟。切时拭去水汽。

2 杏仁粉和糖粉一并过筛，制作杏仁糖。搅拌器调低速和水和蛋白 A 搅拌至光滑状。

3 黄油切成块和蛋黄一起倒入其中，搅拌至光滑状。倒入 *1*，搅拌。

4 低筋面粉和泡打粉一并过筛，倒入 *3* 中，低速搅拌至粉末消失。

5 制作蛋白霜。打蛋器调低速搅拌蛋白 B。将白砂糖分 3 次倒入，打发至能拉起角状态。

6 将 *5* 倒入 *4* 中，用刮刀粗略搅拌。

7 在铺有烤盘纸的烤盘上放上 36.5cm×56.5cm 的方形模具。将 *6* 倒入 4 个模具中，刮平表面，放入 180℃烤箱中烤制 20~25 分钟（烤 12~15 分钟后打开风门）。取下模具，放在冷却网上冷却。

果仁奶油

1 将果仁糖和搅拌成膏状的黄油倒入碗中，用打蛋器搅拌至光滑状。倒入卡仕达酱，同法搅拌。

2 鲜奶油打至八分发倒入 *1* 中，搅拌。

巧克力酱

1 将苦巧克力切碎，隔水熔化。

2 鲜奶油煮沸，倒入 *1* 中，稍作放置。用打蛋器静静地搅拌混合，搅拌至光滑状使之乳化。

糖浆

1 将波美度 30° 的糖浆和水一起煮沸，从火上取下。冷却后倒入柑曼怡利口酒。

香橙果酱

1 将香橙果泥、浓缩香橙粉、橙汁倒入锅中，上火煮至沸腾后，将已经调制好的白砂糖和果胶倒入其中，充分搅拌。

2 倒入橙子皮，中火煮。取少量倒入碗中冷却，用手指确认黏度。煮至黏稠后从火上取下，倒入吉利丁片搅拌熔化。

组合、完成

1 取一块饼干，涂上糖浆。抹上薄薄的香橙果酱。

2 涂上果仁奶油，再取第二块饼干放在上面。和 *1* 一样涂上糖浆和果酱。

3 涂上巧克力酱，再放上第三块饼干。和 *1* 一样按照糖浆、果酱、果仁奶油的顺序涂好。放上第四块饼干。

4 涂上糖浆，涂上厚厚一层果酱。放入冰箱中冷冻凝固。

5 最后涂上薄薄一层镜面果胶，切成 2.8cm 见方的小块。

Noliette

永井纪之

咸味小泡芙
圈圈饼
虾味饼
咖喱沙布列
辛辣酥
杏仁酥
意大利蓝奶酪汤团

覆盆子挞
巧克力椰蓉绵饼
开心果杏仁绵饼
榛子绵饼
咖啡棒
覆盆子夹心棒
果仁圆饼
蜗牛饼
覆盆子圆饼
圆锥蛋卷

咸味小泡芙
Chouquette salé

使用戈贡佐拉干酪和格鲁耶尔奶酪 2 种奶酪制成的咸味糖块泡芙。
烤制后的香味和酥软的口感是这款点心的吸引人之处。
而其中若能夹上奶油奶酪、肉酱的话，就会成为一道豪华小菜。

材料 [直径 3cm，100 个量]

◉ 小泡芙面坯

牛奶	250g
黄油	112g
盐	1.5g
白砂糖	5g
白胡椒	少量
高筋面粉	180g
戈贡佐拉干酪	65g
格鲁耶尔奶酪（碎块状）	40g
整个鸡蛋	250g

蛋液（整个鸡蛋）	适量
格鲁耶尔奶酪（碎块状）	适量

小泡芙面坯

将牛奶、切成块的黄油、盐、白砂糖倒入锅中。撒入白胡椒，边煮边用木刮刀搅拌。

待煮至沸腾后关火，迅速将已经过筛的高筋面粉倒入搅拌。再将火打开，不停地搅拌至面坯不再粘锅底为止。

关火。将切得大小合适的格鲁耶尔奶酪倒入，快速搅拌。

在格鲁耶尔奶酪完全搅拌好之前加入戈贡佐拉干酪，粗略搅拌使之混合即可。

将 *4* 倒入搅拌碗中，用搅拌器低速搅拌。倒入 1/3 的鸡蛋，整体均匀搅拌。

将剩余的鸡蛋分 2 次倒入，每次倒入都需搅拌。搅拌至提起面坯时，面坯缓慢流下呈倒三角形即可。

烤制

趁小泡芙面坯尚热，将其倒入装有口径 10mm 圆形裱花嘴的裱花袋中，在烤盘上挤成直径 3cm 大小的圆形。

在其表面涂上蛋液，撒上格鲁耶尔奶酪。烤制的成色以及奶酪的香味是小点心的特色。

放入 160℃烤箱中（打开风门）烤制约 30 分钟，为使其烤得更加干爽酥脆，调至 150℃再烤 20 分钟。

POINT

☞ 加入了奶酪的面坯很容易变硬，因此要趁热快速操作。

☞ 戈贡佐拉干酪是极具特点的浓郁奶酪。加入格鲁耶尔奶酪能够调和整体的平衡，让不习惯浓重奶酪味的人也能愉快食用。另外，只使用 1 种奶酪也可以做出美味的小点心。

咖喱沙布列
Sablé curry

这是一款既酥脆又非常适合作为餐前小点的辛香沙布列。
除了咖喱之外，炸洋葱和炒至焦色的洋葱及格鲁耶尔奶酪的加入，
更为其增添了浓郁的风味。

材料 [直径 3cm，200 块量]

炸洋葱	100g
格鲁耶尔奶酪（碎块状）	200g
炒洋葱*	100g
黄油	275g
杏仁粉	125g
咖喱粉	10g
盐	7.5g
整个鸡蛋	2个（M号）
低筋面粉	375g
泡打粉	2.5g

＊将切成薄片的洋葱一边去除水分一边炒至焦色，冷却放置。

沙布列面坯

1

将炸洋葱倒入料理机种粉碎。加入格鲁耶尔奶酪，再进一步粉碎。

2

将炒好的洋葱和恢复室温的黄油倒入，整体搅拌。

3

杏仁粉过筛，倒入搅拌。注意不要让料理机摩擦产生的热量将黄油熔化。

4

加入盐、鸡蛋，搅拌均匀。

低筋面粉和泡打粉一并过筛倒入，搅拌至粉末消失。将粘在容器上的面坯刮下。

将 **5** 倒入碗中，用木刮刀从下向上翻搅，整体搅拌均匀。用保鲜膜包好放入冰箱冷藏一晚。

将冷藏好的面坯分成 300g 一份。用手敲软后拍打挤出空气，调整软硬度。

用手掌将其揉成横截面宽 3cm、长 50cm 的棒状。用烤盘纸包好，放入冰箱中冷冻（亦可在此状态下冷冻保存）。

放入冷藏室里待变成半解冻状态后切成宽 5mm 的圆饼。

摆放在铺有硅胶垫的烤盘上，放入 120℃ 的热风循环烤箱（打开风门），烤制约 50 分钟。

> ### *POINT*
>
> ﹏﹏ 咖喱的香味源自香辛料（咖喱粉）。但是仅仅光凭咖喱粉并不能产生浓郁的香味，因此需要加入味道浓郁的格鲁耶尔奶酪和洋葱。
>
> ﹏﹏ 使用两种洋葱，炒至焦色的洋葱和炸洋葱。如果仅使用炒洋葱，会因没有烘烤而残留水分，因此需要和炸洋葱一起使用。

虾味饼
Levain crevette

将用来制作面包的海绵蛋糕面坯抻开，按照千层酥的制作要领放上黄油折三折，反复 4 次（开始的 2 次要撒上孔泰奶酪和虾粉）。将折好的面坯擀开，分成每份长 5cm、宽 1cm 的小份，放入烤箱烤制。酥脆的口感和虾的香味以及奶酪的香味和盐味，如零食般让人爱不释手。

圈圈饼
GURUGURU

将派皮擀开涂上薄薄一层酱（用黑橄榄、刺山柑、凤尾鱼制成的酱），撒上盐、胡椒粉、孔泰奶酪，从一端卷起。放入冰箱中冷藏使之凝固，切成薄片放入烤箱中烘烤。鱼酱制成的漩涡状和浓郁的味道是此款点心的特色。

杏仁酥	辛辣酥
Amande basilic	*Paprika noisette*

只需将杏仁和罗勒，红灯笼辣椒和榛子涂满烤制即可。

是使用剩余的千层酥面坯制作的咸味小点。

坚果的香味和香辛料的香味让人回味无穷。

材料［40cm×60cm 的烤盘 1 盘量］	**材料**［40cm×60cm 的烤盘 1 盘量］

● 杏仁酥

千层酥面坯（剩余）* ············ 擀成 40cm×60cm 大小
蛋液（整个鸡蛋）·································适量
盐···适量
杏仁（碎片）······································适量
罗勒（干燥）······································适量
＊制作其他点心剩余的面坯。

● 辛辣酥

千层酥面坯（剩余）* ············ 擀成 40cm×60cm 大小
蛋液（整个鸡蛋）·································适量
盐···适量
榛子（切碎）······································适量
红灯笼辣椒粉······································适量
＊制作其他点心剩余的面坯。

杏仁酥

1 将剩余的千层酥面坯擀成 40cm×60cm、2mm 厚的面皮，整体扎满均匀的小洞（a）。

2 涂上薄薄的蛋液，整体撒上盐。用手将杏仁弄碎撒在整个表面上。

3 整体撒上罗勒，用手按压使之贴合在面坯表面（b）。放入冰箱冷藏凝固。

4 切成 4cm×5cm 大小后，再沿对角线切成三角形（c）。

5 摆放在烤盘上，放入 155℃热风循环烤箱（打开风门）中，烤制约 30 分钟（d）。

辛辣酥

1 将剩余的千层酥面坯擀成 40cm×60cm、2mm 厚的面皮，整体扎满均匀的小洞。

2 涂上薄薄的蛋液，整体撒上盐。将榛子撒在整个表面上。

3 整体撒上红灯笼辣椒粉，用手按压面坯表面。放入冰箱冷藏凝固。

4 切成 4cm×5cm 大小后，再沿对角线切成三角形。

5 摆放在烤盘上，放入 155℃热风循环烤箱（打开风门）中，烤制约 30 分钟。

1 比萨

用剩余的千层酥面坯烤制成挞托，并在其上挤上自制的番茄酱（含有洋葱、培根），放上绿橄榄和黑橄榄，再撒上格鲁耶尔奶酪烤制而成。

2 意大利蓝奶酪汤团

参照 p98。

3 法式咸派

在用面皮面坯烤制的挞托上放上培根和格鲁耶尔奶酪，再倒上蛋奶液（将牛奶、鲜奶油、鸡蛋混合搅拌，并用盐、胡椒、肉豆蔻调味）烤制而成。

4 蘑菇馅饼

将千层酥的初次面坯用菊花形模具压制成形，按压中央使之凹陷，倒入蘑菇酱（将口蘑、香菇等菌类切丁翻炒，用贝夏美沙司调味）烤制而成。

5 火腿馅饼

与"蘑菇馅饼"相同，将千层酥的初次面坯用菊花形模具压制成形，倒入火腿酱（火腿用大蒜和洋葱翻炒，用贝夏美沙司调味）烤制而成。

6 萨拉米香肠卷

将千层酥的初次面坯擀成厚 1mm 的饼皮，切成 7.5cm×4.5cm 大小。涂上少量的芥末，放上切成一口大小的萨拉米香肠包好，涂上蛋液烤制而成。

7 凤尾鱼饼

将千层酥的初次面坯擀成薄饼，涂上一层薄薄的橄榄酱后放上凤尾鱼，折好。涂上蛋液，切成 3cm 大小，烤制即可。味道十分浓郁。

8 圈圈饼

参照 p95。

9 奶酪饼

将千层酥的初次面坯擀成薄饼，涂上蛋液，撒上盐，再撒上格鲁耶尔奶酪。切成 3cm 见方的小块，烤制而成。其重点在于咸味的恰到好处。

点心店的专属
法式小咸饼

法式小咸饼（盐味小点心）有很多变化种类。法国的点心店制作的很多小咸饼都会根据材料本身发挥其特色。点心店的专业性就体现在对面坯的使用上。尤其常使用千层酥面坯（初次面坯 / 剩余面坯）或面皮面坯。Noliettez 制作的法式小咸饼也常使用这些面坯。

意大利蓝奶酪汤团
Gnocchi gorgonzola

用加了土豆泥的泡芙皮面坯制成汤团，再用戈贡佐拉干酪拌好，
挤入挞形模具中烤制而成的这款点心恰如其分地突出了材料的特色，
是与啤酒或红酒绝配的下酒菜。

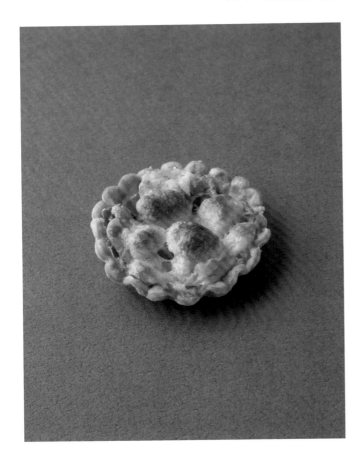

材料 [直径 5cm, 160 个量]

● 汤团

牛奶	375g
黄油	120g
盐	6g
低筋面粉	210g
格鲁耶尔奶酪（碎块状）	105g
白胡椒	适量
整个鸡蛋	8 个（M 号）
土豆泥*	130g

＊将土豆煮熟过筛，用盐、白胡椒稍加调味。

● 配菜

贝夏美沙司*	700g
戈贡佐拉干酪	150g
舞茸、口蘑、杏鲍菇、金针菇、香菇	各一袋
大蒜（切丁）	少量
洋葱（切丁）	适量
橄榄油、盐、胡椒	各适量

＊取 60g 发酵黄油、60g 低筋面粉翻炒，倒入 100mL 鲜奶油用木制刮刀搅拌。取 500mL 牛奶分 4 次倒入，搅拌。用盐、胡椒、肉豆蔻调味（制作适量）。

黄油面坯*	1kg
蛋液（整个鸡蛋）	适量
格鲁耶尔奶酪（碎块状）	适量

＊黄油面坯的做法是将黄油敲打柔软，和低筋面粉、白砂糖、盐一起用搅拌器低速粉碎。倒入水，将蛋黄一点点倒入其中，整体搅拌好之后用保鲜膜包好，放入冰箱冷藏一晚。

汤团

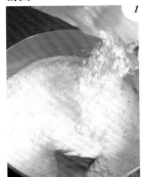

1 将牛奶、切成小块的黄油、盐倒入锅中，一边加热一边用木制刮刀搅拌至沸腾。关火，将低筋面粉过筛一次倒入，快速搅拌。

2 开火加热，不停搅拌至面坯不再粘锅底。

3 倒入搅拌碗中，加入格鲁耶尔奶酪、白胡椒，搅拌器调低速搅拌。取 1/3 鸡蛋液倒入，搅拌均匀。

4 倒入温热的土豆泥，粗略搅拌一下。

5

将剩余的蛋液分 3 次倒入，每次都需搅拌。待搅拌至光滑状，提起时缓慢落下呈倒三角形即可。

6

将 5 倒入装有口径 11mm 圆形裱花嘴的裱花袋中。盐水煮至近沸腾时，将面坯挤出 7mm~8mm 宽切入水中。

7

保持水近沸腾的状态煮汤团，使其没有缝隙。待汤团浮起后用手指确认其弹性，捞出去除水汽。

配菜

1

将舞茸、口蘑、杏鲍菇、金针菇、香菇切成 2cm 大小，用橄榄油和大蒜翻炒，加入洋葱。用盐、胡椒调味，凉透。

2

将戈贡佐拉干酪倒入热腾腾的贝夏美沙司中，搅拌使之熔化。倒入 1 搅拌，用盐、胡椒调味。

3

倒入去除了水汽的汤团，搅拌混合。

组合、烤制

1

将黄油面坯擀成 2mm 厚的面皮，敷在直径为 4.7cm 的挞形模具上。压上秤砣等重物，放入 155℃烤箱中烤制约 15 分钟，取下秤砣涂上蛋液，烤制 5 分钟。

2

将配菜装入 1 中，撒上格鲁耶尔奶酪。

3

放入 220℃烤箱烤约 10 分钟，烤至奶酪熔化，烤出香味和焦色即可。

POINT

➭ 汤团如果放在沸腾的水中煮容易裂开，所以要保持水接近沸腾的状态。

➭ 土豆泥可冷冻保存方便使用。需要使用的时候，用微波炉加热即可。另外，如果没有土豆泥，可以不加。

开心果杏仁绵饼
Éponge pistache

一款有着精致绿色奶油夹心的小点心，介于达垮司饼和修雪饼之间。
洋溢着坚果香味的饼坯和馨香的开心果的组合给人留下深刻的印象。

材料［直径 4cm，100 个量］

● 海绵饼坯
蛋白*	315g
干燥蛋白	6g
白砂糖	78g
开心果糖（类似杏仁糖做法）	315g
杏仁粉	63g
碎开心果（带皮）	适量
糖粉	适量

＊蛋白需要放在冰箱里冷藏一周左右水溶后使用。

● 开心果奶油
开心果杏仁蛋白	600g
黄油	240g
开心果泥	175g
利口酒	15mL

海绵饼坯

1

在白砂糖中倒入干燥蛋白搅拌混合。

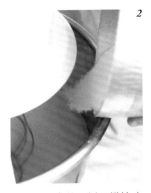

2

将蛋白和半份 *1* 倒入搅拌碗中，打蛋器调中速至高速打发。打发至蓬松之后将剩余的 *1* 倒入，进一步打发。

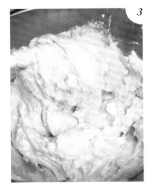

3

充分打发之后倒入碗中，再加入已过筛的开心果糖、杏仁粉，用刮刀搅拌。

4

搅拌至粉末消失，整体呈均匀状态即可。

开心果奶油

5 将 *4* 倒入装有口径 11mm 圆形裱花嘴的裱花袋中，在硅胶垫上挤出直径 3cm 的圆饼。

6 撒上碎开心果。去掉多余的开心果，筛入足量糖粉放置一段时间，让糖粉稳定下来。

7 放入 160℃热风循环烤箱（打开风门）中，烤制约 20 分钟。连同硅胶垫一并放到冷却网上，室温冷却。

1 将开心果杏仁蛋白和恢复室温的黄油放入容器中，搅拌器调低速搅拌。一边搅拌一边倒入碎开心果，充分搅拌。倒入利口酒。

完成

1 海绵饼翻面，用拇指在中央轻压出凹陷。

2 将开心果奶油倒入装有口径 10mm 圆形裱花嘴的裱花袋中，挤在半量的 *1* 中海绵饼上。

3 放上没有挤奶油的海绵饼，用手轻轻压合。放入冰箱中冷藏使之冷却凝固。

榛子绵饼
Éponge noisette

参照"开心果杏仁绵饼"的制作方法，只要将开心果替换成榛子即可。带皮榛子的香味和酥软的口感给人留下深刻的印象。海绵饼中夹的是榛子奶油。

巧克力椰蓉绵饼
Éponge chocolat

加入可可粉的海绵饼在口感上变得更脆。把科涅克白兰地制作的巧克力酱作为夹心，椰蓉的馨香与面饼的酥脆达成绝佳的平衡。比海绵蛋糕更加软润，是适合成年人的点心。

咖啡棒
Bâton café

在烤制成棒状的达垮司饼上抹上咖啡巧克力酱，并以牛奶巧克力作装饰。
浓郁的咖啡和可可的香味与饼干的清淡味道相调和，回味无穷。

材料 [长 5.5cm，120 个量]

◉ **棒状饼干用达垮司面坯**

蛋白	150g
白砂糖	75g
杏仁糖	300g
杏仁粉	60g

◉ **咖啡巧克力酱**

鲜奶油（乳脂含量35%）	60g
牛奶	10g
转化糖	10g
速溶咖啡	4g
苦巧克力（可可含量70%）	120g
黄油	75g
咖啡利口酒	8g

牛奶巧克力（可可含量40%）	适量
苦巧克力（可可含量70%）	适量

棒状饼干用达垮司面坯

1 将蛋白、一半白砂糖倒入搅拌碗中，用打蛋器中速打发。打发至蓬松之后将剩余的白砂糖一点点倒进去搅拌。

2 如图打发至柔软起角，制作细腻的蛋白霜。注意不要过度打发以防脱水。

3 杏仁糖和杏仁粉一起过筛倒入其中，用刮刀搅拌。

4 搅拌至粉末消失之后，将粘在碗边的面坯刮下，继续搅拌均匀。

5

倒入装有口径 10mm 圆形裱花嘴的裱花袋中，在烤盘上挤成长 5cm 的棒状。

6

放入 180℃烤箱（打开风门）中，烤制约 13 分钟。放在室温中冷却。

咖啡巧克力酱

1

将鲜奶油、牛奶、转化糖、速溶咖啡煮沸，加入巧克力搅拌使之熔化。在加入黄油使之乳化后倒入咖啡利口酒即可。

完成

1

将咖啡巧克力酱倒入装有口径 10mm 圆形裱花嘴的裱花袋中，挤在达垮司面饼上。

2

手拿 *1* 的面饼部分、将咖啡巧克力酱的部分浸入已经回火的牛奶巧克力中。上下移动将多余的巧克力抖落。

3

摆放在纸上，在室温中放置至巧克力凝固。

4

将回火后的苦巧克力装入圆锥裱花袋中，在 *3* 上挤出一条线。

覆盆子夹心棒
Bâton framboise

与巧克力棒的制作方法相同，将达垮司面坯烤制成棒状，挤上覆盆子巧克力酱，裹上苦巧克力糖衣。其上用牛奶巧克力画线。酸甜适宜的覆盆子和微苦的巧克力相融合，十分美味。

覆盆子挞
Tartelette framboise

在薄薄的挞皮上挤上厚厚一层酸甜可口的覆盆子果酱，然后在果酱上挤上达垮司面坯，
这 3 个要素的融合给此款点心的味道和口感赋予了了新颖的创意。
由于需制作成一口大小，所以在挞皮的薄厚以及果酱的用量上需要作出一定的调整。

材料［长 6.5cm，80 个量］

● 甜面皮
黄油	180g
糖粉	90g
杏仁糖	75g
盐	1g
整个鸡蛋	50g
低筋面粉	140g
中筋面粉	140g
泡打粉	少量

● 覆盆子果酱
覆盆子果泥	500g
覆盆子籽*	15g
白砂糖	198g
异麦芽糖醇（甜味剂）	62g

＊将覆盆子过滤后使籽和果肉分离。

● 达垮司面坯
蛋白	165g
白砂糖	35g
海藻糖	10g
干燥蛋白	5g
糖粉	80g
杏仁粉	80g
榛子粉*	45g
低筋面粉	15g

＊榛子粉是将带皮榛子粉和去皮榛子粉各半量混合。由于
使用了带皮榛子粉，会使得烤制的点心更加香浓。

碎榛子（带皮）	适量
糖粉	适量

甜面皮

1. 将恢复室温的黄油放入搅拌碗中敲打，撒上糖粉、倒入杏仁糖和盐，用搅拌器搅拌。

2. 将整个鸡蛋捣碎，分 3 次倒入 *1* 中，每次都需搅拌。搅拌均匀后，将低筋面粉、中筋面粉和泡打粉一起过筛倒入，搅拌。

3. 搅拌至粉末消失后整合成团，用保鲜膜包好放入冰箱中冷藏一晚。

4. 擀成厚 2mm 的面皮，扎满均匀的小洞。压制成比长 6.5cm 的船形模具大一圈的形状，敷在船形模具上。放入冰箱冷藏放置。

覆盆子果酱

1

将覆盆子果泥、白砂糖和异麦芽糖醇倒入铜锅中煮至糖度为 70%brix 即可。

达垮司面坯

1

将蛋白、混合好的白砂糖和海藻糖、干燥蛋白倒入搅拌碗中，用打蛋器中速打发，制作蛋白霜。

2

将杏仁粉、榛子粉和低筋面粉一并过筛倒入碗中，用刮刀搅拌至粉末消失。

组合、烤制

1

覆盆子果酱加热煮至光滑状。大致散热后，倒入装有口径 8mm 圆形裱花嘴的裱花袋中，挤入甜面皮中，挤七分满。

2

将达垮司面坯倒入装有口径 8mm 圆形裱花嘴的裱花袋中，以螺旋状挤在 **1** 上。

3

撒上碎榛子，筛入足量糖粉。

4

摆放在烤盘上，放入 210℃烤箱（打开风门）中，烤制约 15 分钟。取下模具，放在冷却网上室温冷却。

POINT

☞ 果酱要切实煮至要求的浓度。浓度不足的话，在烤制过程中果酱会溢出。

☞ 在达垮司面坯中加入干燥蛋白是为了制作出较硬的蛋白霜。如此，烤制好的点心外皮酥脆，与其夹心的果酱达成完美的平衡。

蜗牛饼
Escargot

在用甜面皮制作的挞托中挤入用红葡萄酒煮的无花果果酱。达垮司面坯挤成蜗牛状，撒上碎杏仁烤制而成。

圆锥蛋卷
Cornet

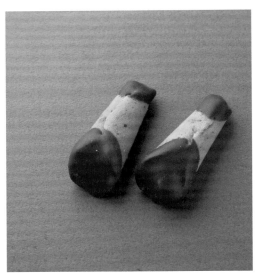

将蛋卷面坯制作成圆锥状，挤入足量巧克力酱，两端裹上苦巧克力糖衣。这是一款个头虽小但口味丰富的点心。

果仁圆饼
Disque praline

在沙布列南特饼坯和法式焦糖杏仁饼坯中夹入杏仁果仁风味的黄油奶油。焦糖杏仁饼和巧克力糖衣给人以上佳的口感，越嚼越香回味无穷。

覆盆子圆饼
Disque framboise

在沙布列南特饼坯中夹入混有覆盆子果泥的酸甜可口的棉花糖，是一款成人的"巧克力派"。巧克力糖衣、沙布列饼、棉花糖混合在一起的口感，给人新鲜的感受。

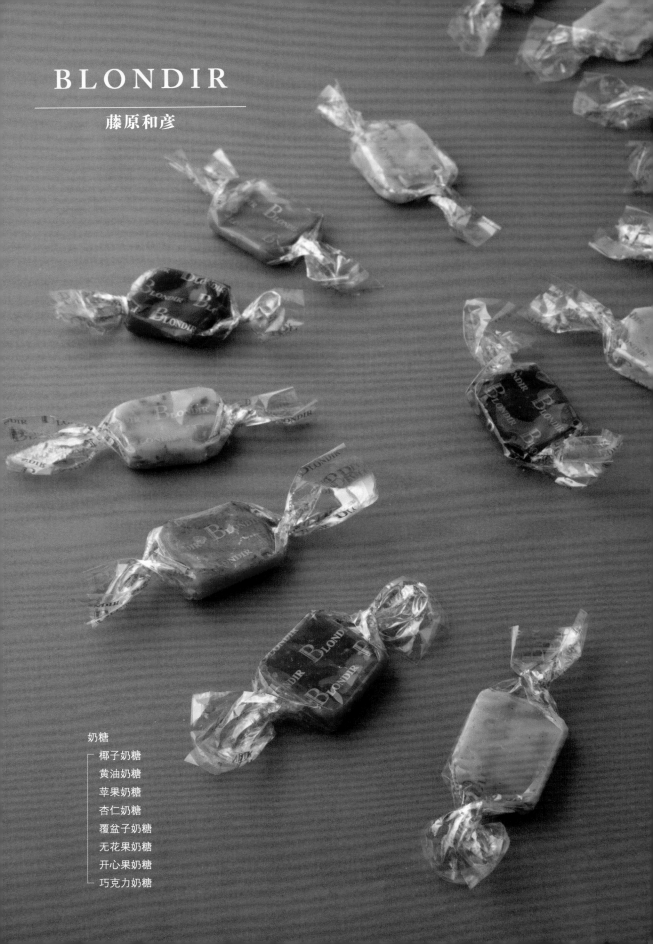

BLONDIR

藤原和彦

奶糖
- 椰子奶糖
- 黄油奶糖
- 苹果奶糖
- 杏仁奶糖
- 覆盆子奶糖
- 无花果奶糖
- 开心果奶糖
- 巧克力奶糖

棉花糖
　┌ 百香果棉花糖
　│ 覆盆子棉花糖
　└ 香草蜂蜜棉花糖
里昂杏仁果糖
杏仁蛋糕糖
牛轧糖
　┌ 蒙特里马牛轧糖
　│ 巧克力牛轧糖
　└ 果味牛轧糖

无花果奶糖
Figue et vin rouge

用红酒煮过的无花果干赋予了奶糖雅致的风味，而颗粒口感便是这款奶糖的独到之处。
在此基础之上添加的少量冷冻草莓，
粉红的颜色和可口的酸味为此款奶糖增添了亮点。

材料［2.5cm×2.5cm，84 个量］

红酒 A * ································	35g
水 ······································	100g
无花果干（整个）····················	100g
冷冻草莓 ······························	3g
柠檬汁 ·································	6g
鲜奶油（乳脂含量 45%）············	170g
红酒 B * ······························	85g
白砂糖 ·································	185g
水饴 ···································	160g
转化糖 ·································	18g
黄油 ···································	20g

＊红酒要使用波尔多产口感厚重的类型。

奶糖糖坯

1 将红酒 A、水、无花果干、冷冻草莓、柠檬汁放入锅中，小火煮。

2 煮至无花果柔软膨胀，汁液煮干。放在室温中冷却，使之入味。

3 将 *2* 倒入料理机中粉碎成糊状。保留无花果的籽，直接使用。

4 将鲜奶油、红酒 B、白砂糖、水饴倒入铜碗中，中火或大火煮。用打蛋器一边搅拌一边加热。

5

待取少量放在冰水中，呈可用手指揉成团的状态后，将3包括籽一起倒入其中。用打蛋器搅拌使水分蒸发。

6

再次取少量放在冰水中，呈可揉成团的状态后，关火。

7

将转化糖和切成块的黄油倒入，用打蛋器搅拌使之熔化。

成形、切分

1

将11cm×55cm的长方形模具放在铺有硅胶垫的烤盘上，将奶糖糖坯倒入其中，抹平。放入冰箱中最少冷藏1小时以上，冷却，使之凝固至用刀可切的软硬程度。

2

在奶糖和模具中插入水果刀，将模具取下。

3

将奶糖切成2.5cm见方的小块。用玻璃纸包好即可。

POINT

- 奶糖有两种类型，一种是软糖，一种是硬糖。本书中制作的是既能保持形状又能做到入口即化的软糖。夏天需要煮得稍微硬一些，冬天需要煮得稍微软一些来调整其软硬程度。

- 在煮奶糖的时候需要使用铜锅。目的是保证受热均匀，同时容易掌握煮制的时机。

- 为了保证加入材料本身的风味，制作的重点在于在煮的时候抑制鲜奶油和黄油的油脂。用打蛋器搅拌的时候注意避免空气混入其中，良好的乳化可以抑制油脂析出。

- 店铺售卖时一般放在15℃的环境中保存。

巧克力奶糖
Chocolat

加入用可可成分含量高的苦巧克力制作而成的可可膏，
为此款奶糖增加了微苦的味道，更显成熟风味。

材料 [2.5cm×2.5cm，28 个量]

鲜奶油（乳脂含量 45%）	85g
白砂糖	60g
水饴	55g
转化糖	8g
黄油	5g
苦巧克力（可可含量 70%）	25g
可可膏	10g

1 将鲜奶油、白砂糖、水饴倒入铜碗中，中火至大火煮。用打蛋器搅拌至沸腾。

2 取少量放入冰水中，待呈可用手指揉成团的状态，关火。倒入转化糖和黄油，搅拌使之熔化。

3 将切好的苦巧克力和可可膏倒入其中，搅拌使之熔化。

4 将 11cm×18cm 的长方形模具放在铺有硅胶垫的烤盘上，倒入 **3**，抹平。放在冰箱最少冷藏 1 个小时，凝固成可用刀切割的软硬程度。

5 在奶糖和模具中插入水果刀，将模具取下。将奶糖切成 2.5cm 见方的小块。

开心果奶糖
Pistache

将带皮的开心果烘干，放入料理机中绞碎。一款使用家庭自制的开心果泥制作的奶糖。
其清爽的颜色给人留下深刻的印象。

材料 [2.5cm×2.5cm，28 个量]

鲜奶油（乳脂含量 45%）	85g
白砂糖	55g
水饴	50g
转化糖	6g
黄油	8g
开心果泥*	25g

＊将带皮的开心果烘干，然后制成糊状。

1 将鲜奶油、白砂糖、水饴倒入铜碗中，中火至大火煮。用打蛋器搅拌至沸腾。

2 取少量放入冰水中，待呈可用手指揉成团的状态，关火。倒入转化糖和黄油，搅拌使之熔化。

3 加入开心果泥，搅拌。

4 将 11cm×18cm 的长方形模具放在铺有硅胶垫的烤盘上，倒入 **3**，抹平。放在冰箱最少冷藏 1 个小时，凝固成可用刀切割的软硬程度。

5 在奶糖和模具中插入水果刀，将模具取下。将奶糖切成 2.5cm 见方的小块。

杏仁奶糖
Amandes

将带皮的杏仁烘烤后捣碎加入，此款奶糖不论在香味上还是在口感上都得到了提升。
切成细丝的橙子皮是此款奶糖的重点。

材料［2.5cm×2.5cm，28 个量］

鲜奶油（乳脂含量 45%）	85g
白砂糖	60g
水饴	50g
蜂蜜	10g
转化糖	3g
黄油	8g
橙子皮（切细丝）	1/4 个量
杏仁（带皮、烘干）	35g

1　将鲜奶油、白砂糖、水饴倒入铜碗中，中火至大火煮。用打蛋器搅拌至沸腾。

2　取少量放入冰水中，待呈可用手指揉成团的状态，关火。倒入转化糖和黄油，搅拌使之熔化。

3　将杏仁倒入料理机中大致粉粹后加入 **2** 中，搅拌。

4　将 11cm×18cm 的长方形模具放在铺有硅胶垫的烤盘上，倒入 **3**，抹平。放在冰箱最少冷藏 1 个小时，凝固成可用刀切割的软硬程度。

5　在奶糖和模具中插入水果刀，将模具取下。将奶糖切成 2.5cm 见方的小块。

椰子奶糖
Noix de coco

椰蓉的加入使此款奶糖呈现出了优雅的风味。
椰蓉只需轻微烤制上色，就能香飘四溢。

材料［2.5cm×2.5cm，28 个量］

鲜奶油（乳脂含量 45%）	85g
白砂糖	60g
水饴	50g
蜂蜜	5g
转化糖	3g
黄油	8g
椰蓉*	25g

＊放入 170℃烤箱烘烤 7~8 分钟，稍显焦色即可。

1　将鲜奶油、白砂糖、水饴倒入铜碗中，中火至大火煮。用打蛋器搅拌至沸腾。

2　取少量放入冰水中，待呈可用手指揉成团的状态，关火。倒入转化糖和黄油，搅拌使之熔化。

3　倒入椰蓉，搅拌。

4　将 11cm×18cm 的长方形模具放在铺有硅胶垫的烤盘上，倒入 **3**，抹平。放在冰箱最少冷藏 1 个小时，凝固成可用刀切割的软硬程度。

5　在奶糖和模具中插入水果刀，将模具取下。将奶糖切成 2.5cm 见方的小块。

覆盆子奶糖
Framboise

加入冷冻覆盆子粉但不加热制成的奶糖。
充分体现了其酸甜可口的味道和清爽的香味。

材料 [2.5cm×2.5cm, 28 个量]

鲜奶油（乳脂含量45%）	85g
白砂糖	60g
水饴	50g
覆盆子粉*	7g
转化糖	8g
黄油	5g

＊将冷冻覆盆子倒入料理机中粉碎而成。

1 将鲜奶油、白砂糖、水饴倒入铜碗中，中火至大火煮。用打蛋器搅拌至沸腾。

2 取少量放入冰水中，待呈可用手指揉成团的状态，关火。倒入覆盆子粉、转化糖和黄油，搅拌使之熔化。

3 将11cm×18cm的长方形模具放在铺有硅胶垫的烤盘上，倒入**2**，抹平。放在冰箱最少冷藏1个小时，凝固成可用刀切割的软硬程度。

4 在奶糖和模具中插入水果刀，将模具取下。将奶糖切成2.5cm见方的小块。

苹果奶糖
Tatin

将用于制作法式苹果挞的苹果煮出的汁液熬成糊，
是一款秋季限定的原创奶糖。

材料 [2.5cm×2.5cm, 28 个量]

制作法式苹果挞用的苹果煮汁*	约150g
鲜奶油（乳脂含量45%）	60g
黄油（需要时使用）	适量

＊苹果切成瓣，用黄油、白砂糖、柠檬汁煮软。倒入卡尔瓦多斯酒点燃，完成后用黄油包裹至冷却。此时煮出的汁液（如图）可用于制作奶糖。虽然根据苹果的品种不同煮汁量会有差异，一般使用60个苹果的煮汁可制作约28个奶糖。

1 将用于制作法式苹果挞的苹果煮汁上火煮。倒入鲜奶油，根据煮汁的情况，如果黄油风味不足可以补足。一边加热一边用打蛋器搅拌。

2 取少量放入冰水中，待呈可用手指揉成团的状态，关火。

3 将11cm×18cm的长方形模具放在铺有硅胶垫的烤盘上，倒入**2**，抹平。放在冰箱最少冷藏1个小时，凝固成可用刀切割的软硬程度。

4 在奶糖和模具中插入水果刀，将模具取下。将奶糖切成2.5cm见方的小块。

黄油奶糖
Beurre salé

使用融合性强的含盐黄油制作成的奶糖。
制作的关键是根据完成时的味道和成色调整奶糖烤制的状态。

材料［2.5cm×2.5cm，28 个量］

白砂糖····································	110g
水饴····································	10g
含盐黄油································	45g
鲜奶油（乳脂含量 45%）············	50g
转化糖································	5g
香草豆荚································	1/5 根
可可粉································	5g

1 将白砂糖和水饴倒入铜碗中加热。用木制刮刀一边搅拌，一边观察碗内糖的焦色，直至呈现清亮的茶色（此时的颜色比最终制成奶糖的颜色浅一点。因为已经呈现颜色，所以品尝起来不会感到苦涩）。

2 与 *1* 同时进行，分量外一个锅，将鲜奶油、转化糖、纵向切开的香草豆荚和籽倒入锅内，加热至沸腾。

3 *1* 关火，加入切成块的含盐黄油，用打蛋器搅拌。

4 将 *2* 过滤倒入 *3* 中，搅拌混合。

5 用中火至大火加热 *4*，用打蛋器搅拌至沸腾。

6 取少量放入冰水中，待呈可用手指揉成团的状态，关火。倒入可可粉使之充分乳化，这样不会出现油脂，易于保存。

7 将 11cm×18cm 的长方形模具放在铺有硅胶垫的烤盘上，倒入 *6*，抹平。放在冰箱最少冷藏 1 个小时，凝固成可用刀切割的软硬程度。

8 在奶糖和模具中插入水果刀，将模具取下。将奶糖切成 2.5cm 见方的小块。

果味牛轧糖
Nougat fraise

这是一款混合着杏仁醇香和草莓馨香的牛轧糖。
冷冻草莓粉吸收了水分，使得牛轧糖更容易凝固，调低温加热糖浆易于调整硬度。
不使用威化饼做夹心，因此能品尝到牛轧糖本身的风味。

材料［2.5cm×2.5cm，28 个量］

白砂糖	190g
水饴	35g
水	适量
蜂蜜*	96g
蛋白	30g
草莓粉*	20g
杏仁*	140g
马铃薯淀粉（法国产）	适量

＊蜂蜜使用的是法国产薰衣草蜂蜜。因其具有独特的风味，
即使加热也可使风味留存。
＊草莓粉是将冷冻草莓（东欧产）倒入料理机中精细粉碎
而成。
＊杏仁需放入 180℃烤箱中烘烤约 12 分钟，烤至中央呈
茶色后放置待用。

牛轧糖糖坯

1	2	3	4
将蜂蜜倒入锅中加热，煮至 121℃。	与 1 同时，将白砂糖和水饴倒入锅中加热至冒泡，加热到 135℃为止。	与此同时，将蛋白用打蛋器低速打发。将 1 的锅底浸入冰水中，不再加热，之后倒入蛋白，高速打发。	倒入 2，保持高速打发至锅底温度降至手可碰触的程度即可。

5

将打蛋器换成搅拌器，倒入草莓粉和杏仁。

6

搅拌器调低速粗略搅拌。搅拌过度容易造成蛋白的消泡，会使糖坯变硬。

成形、切分

1

将 11cm×18cm 的长方形模具放在铺有硅胶垫的烤盘上，马铃薯淀粉过筛撒在上面。

2

将牛轧糖糖坯倒入 **1** 中，双手涂上马铃薯淀粉将糖坯压实压平。上面再撒上一层马铃薯淀粉。

3

为了避开湿气需要先在上面盖上烤盘纸，再压上烤盘。待热气散去后放入冰箱冷藏 1 小时 ~1 个半小时，凝固成可用刀切割的软硬程度。

4

模具用燃烧器稍稍加热后用手取下。撒上马铃薯淀粉，用锯齿刀将其切成 2.5cm 见方的小块。一边切一边用手掰开糖块。

POINT

⮞ 制作牛轧糖最重要的是蜂蜜或糖浆的加热温度。1℃的差异，就会导致软硬程度发生变化，要根据个人口味进行调整。本书中制作的牛轧糖，不会过软也不会太硬，温度设定适宜。

⮞ 糖浆的温度一般调整在 145℃左右，根据加入其中的材料进行具体调整。因为草莓粉吸水性好，所以调整在 135℃即可。

⮞ 坚果要切实加热到内部。如果火力不足，香味不容易散发出来。

蒙特里马牛轧糖
Nougat Montelimar

法国蒙特里马有名的小点心，一款白色的牛轧糖。
烘烤后坚果的香味和薰衣草蜂蜜的馨香相融合，给人以纯洁天然之感。

材料［2.5cm×2.5cm，28 个量］

白砂糖	190g	杏仁*	120g
水饴	35g	榛子（带皮）*	85g
蜂蜜（薰衣草）	96g	马铃薯淀粉（法国产）	适量
水	适量	*杏仁放入180℃烤箱烘烤12分钟，榛	
蛋白	30g	子烘烤约15分钟，待中央呈茶色即可。	

1　参照p116"牛轧糖糖坯*1~4*"的制作要领，将蜂蜜加热到121℃，白砂糖、水饴和水加热到138℃，加入用打蛋器打发的蛋白打发至温度降下来。

2　将打蛋器换成搅拌器，倒入杏仁、榛子。低速粗略搅拌混合。

3　将11cm×18cm的长方形模具放在铺有烤盘纸的烤盘上，马铃薯淀粉过筛撒在上面。将*2*倒入其中用手压平。

4　盖上烤盘纸，压上烤盘散热后放入冰箱冷藏1小时~1个半小时冷却。

5　模具用燃烧器稍稍加热后用手取下。撒上马铃薯淀粉，用锯齿刀将其切成2.5cm见方的小块。

巧克力牛轧糖
Nougat chocolat

加入了熔化的苦巧克力，是一款深色的牛轧糖。
坚果的香味和巧克力的苦味相互融合。

材料［2.5cm×2.5cm，28 个量］

白砂糖	190g	杏仁*	120g
水饴	35g	榛子（带皮）*	85g
蜂蜜（薰衣草）	96g	苦巧克力（可可含量70%）	50g
水	适量	马铃薯淀粉（法国产）	适量
蛋白	30g	*杏仁放入180℃烤箱烘烤12分钟，榛	
		子烘烤约15分钟，待中央呈茶色即可。	

1　参照p116"牛轧糖糖坯*1~4*"的制作要领，将蜂蜜加热到121℃，白砂糖、水饴和水加热到145℃，加入用打蛋器打发的蛋白打发至温度降下来。

2　将打蛋器换成搅拌器，倒入杏仁、榛子和熔化的苦巧克力。低速粗略搅拌混合。

3　将11cm×18cm的长方形模具放在铺有烤盘纸的烤盘上，马铃薯淀粉过筛撒在上面。将*2*倒入其中用手压平。

4　盖上烤盘纸，压上烤盘散热后放入冰箱冷藏1小时~1个半小时冷却。

5　模具用燃烧器稍稍加热后用手取下。撒上马铃薯淀粉，用锯齿刀将其切成2.5cm见方的小块。

百香果棉花糖
Guimauve fruit de la passion

细腻而又弹性十足的棉花糖。
百香果清新的酸味让棉花糖更爽口。
而百香果籽清爽的口感和天然的颜色给人留下深刻的印象。

材料 [2.5cm × 2.5cm，28 个量]

百香果果泥（含百香果籽）·················	65g
白砂糖···················	95g
转化糖 A·················	33g
吉利丁片*·················	8g
水···················	15g
转化糖 B·················	40g
塔塔粉*·················	2g
干粉*···················	适量

＊吉利丁片需浸水泡开待用。
＊塔塔粉指的是酒石酸氢钾。加入到诸如百香果一类的含酸的物质中可以提高其保形性。
＊干粉使用的是马铃薯淀粉（法国产）和糖粉的等量混合物。

POINT

☞ 制作要点是糖浆的温度。以 108℃~110℃ 为准，根据个人喜好适当调整。用这个温度制作的棉花糖口感更柔韧。棉花糖成形的时候，如果调低温度则会使棉花糖更绵软。

☞ 表面要一次性切进去再切开，不拉扯棉花糖才能使切口干净漂亮。

棉花糖糖坯

1	**2**	**3**	**4**
将百香果果泥、白砂糖和转化糖 A 倒入锅中，加热至 110℃。	与 *1* 同时，将水、转化糖 B、塔塔粉用低速的打蛋器轻轻搅拌，放置待用。	待 *1* 达到 110℃ 之后，将锅底放入冰水中不再加热。吉利丁片拭去水汽后加入，搅拌使之熔化。	一边将 *3* 倒入 *2* 中，一边高速打发至温度降至体表温度即可。

成形、切分

将 11cm×18cm 的 长 方 形模具放在铺有烤盘纸的烤盘上，内侧用刷毛仔细刷上干粉。底部撒上足量干粉放置待用。

将棉花糖糖坯用刮板装入模具中，压实。用裱花刀将表面抹平。

在表面撒上干粉，为了避免湿气需盖上烤盘纸，压上烤盘。放入冰箱中冷藏一晚，待棉花糖内部冷却凝固即可。

将刀插入棉花糖和模具中间，将模具取下。用锯齿刀将其切成 2.5cm 宽的格子状，用涂有干粉的主厨刀将棉花糖切开，用手分开。

覆盆子棉花糖
Guimauve framboise

一款具有酸甜可口的覆盆子风味的棉花糖。

若混入多余的水分，棉花糖便会变软，因此加入吉利丁片的时候要切实拭去水分。

材料 [2.5cm×2.5cm，28 个量]

覆盆子果泥·······65g	转化糖 B·······40g
白砂糖·······95g	塔塔粉（p118）·······2g
转化糖 A·······33g	干粉（p119）·······适量
吉利丁片 *·······8g	＊吉利丁片需浸水泡开待用。
水·······15g	

1 将覆盆子果泥、白砂糖和转化糖 A 倒入锅中，上火煮至 110℃。

2 与 1 同时，用低速的打蛋器将水、转化糖 B、塔塔粉轻轻搅拌，放置待用。

3 待 1 达到 110℃之后，将锅底放入冰水中不再加热。吉利丁片拭去水汽后加入，搅拌使之熔化。

4 一边将 3 倒入 2 中，一边高速打发至温度降至体表温度即可。

5 将 11cm×18cm 的长方形模具放在铺有烤盘纸的烤盘上，撒上足量干粉。将 4 装入模具中，压实。用裱花刀将表面抹平。

6 在表面撒上干粉，盖上烤盘纸，压上烤盘。放入冰箱中冷藏一晚，待棉花糖内部冷却凝固即可。

7 将刀插入棉花糖和模具中间，将模具取下。用锯齿刀将其切成 2.5cm 宽的格子状，用涂有干粉的主厨刀将棉花糖切开，用手分开。

香草蜂蜜棉花糖

Guimauve miel et vanille

洋溢着蜂蜜和香草风味的棉花糖。
制作的关键在于充分激发出大溪地产香草浸煮的香味，
同时在棉花糖中加入了法国产的薰衣草蜂蜜。

1 将水、白砂糖、水饴、香草豆荚的豆荚和籽放入锅中煮至沸腾后关火。盖上锅盖放置30分钟左右，使香味转移到汤汁中。

2 过滤，再开火煮至121℃。

3 与 *2* 同时，将蛋白和蜂蜜用打蛋器高速打发至泛白起泡。

4 待 *2* 煮至121℃后将锅底浸入冰水中，不再加热。将吉利丁片拭去水汽后放入锅中，搅拌使之熔化。一边倒入 *3*，一边高速打发至温度降至体表温度。

5 将 11cm × 18cm 的长方形模具放在铺有烤盘纸的烤盘上，撒上干粉。将 *4* 装入模具中，压实。用褛花刀将表面抹平。

6 在表面撒上干粉，盖上烤盘纸，压上烤盘。放入冰箱中冷藏一晚，待棉花糖内部冷却凝固即可。

4 将刀插入棉花糖和模具中间，将模具取下。用锯齿刀将其切成 2.5cm 宽的格子状，用涂有干粉的主厨刀将棉花糖切开，用手分开。

材料［2.5cm × 2.5cm，28 个量］

水	25g
白砂糖	80g
水饴	12g
香草豆荚	1/5 根
蛋白	32g
蜂蜜	8g
吉利丁片*	5g
干粉（p119）	适量

*吉利丁片用水泡开待用。

POINT

☞ 在 BLONDIR，有时也会直接使用果泥制作棉花糖糖坯，用转化糖就能直接将果泥的味道表现出来，使用香草汁等没有形状的材料时需要用到吉利丁片和蛋白。吉利丁片的使用会提高香草汁或蜂蜜等味道柔和的材料的味道和触感。

里昂杏仁果糖
Amande de Bellcour de Lyon

这是一款在里昂或者巴黎的点心店贩售的杏仁形状的点心。
以杏仁蛋白为夹心，用牛轧糖包裹，再用蛋白糖霜做糖衣形成 3 层构造，
每一层的口感都不一样，乐趣无穷。

杏仁蛋白
1 将杏仁蛋白分成 5g 一份，用手揉成椭圆体。

牛轧糖
1 将水饴倒入锅中加热，煮至沸腾后倒入白砂糖，用木质刮刀搅拌。
2 待再次沸腾之后倒入碎杏仁。不停搅拌待香味溢出、杏仁呈焦糖色后倒在烤垫上。

组合
1 将牛轧糖放在烤箱中或者制作糖果造型用的灯下保温，取必要的分量用手抻薄。包裹揉成团的杏仁蛋白，整理成椭圆体。
2 摆放在铺有烤盘纸的烤盘上，室温冷却凝固。

蛋白糖霜
1 将蛋白、枫糖、糖粉倒入碗中，用木质刮刀搅拌。
2 倒入柠檬汁和色素搅拌。

完成
1 用裱花刀将蛋白糖霜涂抹在用牛轧糖包好的杏仁蛋白上。摆放在烤盘上。
2 将 *1* 放入 180℃烤箱中烘烤 2 分钟左右，放在室温中冷却。

材料［20 个量］

● 杏仁蛋白* ………………………………… 100g
＊杏仁蛋白的制作方法。取 50g 杏仁（巴伦西亚产）用水焯后拭去水汽，与 50g 白砂糖一起放入料理机中搅碎。再倒入 20g 蛋白搅拌混合而成。

● 牛轧糖

水饴	100g
白砂糖	100g
碎杏仁（碎块）	100g

● 蛋白糖霜

蛋白	10g
枫糖	30g
糖粉	50g
柠檬汁	1~2 滴
色素（绿）	适量

POINT

☞ 因为牛轧糖没有加水，仅用水饴制作而成，所以不容易出现水汽，使制作完成的点心具有结实的质感。

杏仁蛋糕糖
Calissons d'Aix

在杏仁糖糖坯外裹上蛋白糖霜做的糖衣，是法国南部普罗旺斯的传统点心。
糖坯中加入了橙子皮和糖浆，蜂蜜和杏仁的平衡是点心美味与否的关键所在。

杏仁糖糖坯

1　搅拌器调低速将杏仁粉和蜂蜜搅拌混合。
2　将白砂糖、水倒入锅中，加热至 121℃。
3　将 **2** 慢慢倒入 **1** 中，低速搅拌至可成团。
4　倒入糖渍橙子皮和其糖浆，进一步搅拌。糖浆的用量可根据糖坯的软硬来调整。调至比杏仁蛋白稍软即可。
5　烤盘铺上烤盘纸，取 2 根高 1.2cm 的棒放在上面，将 **4** 倒入其中并用擀面杖擀成边长 15cm 的方形。

蛋白糖霜

1　将蛋白、枫糖、糖粉倒入碗中，用木质刮刀搅拌。
2　倒入柠檬汁搅拌。

完成

1　用裱花刀将蛋白糖霜涂抹在杏仁糖坯上。放入冷藏室冷却凝固，然后切成 2.5cm 见方的小块。
2　将 **1** 放入 180℃烤箱中烘烤 2 分钟左右，放在室温中冷却。

材料 [2.5cm×2.5cm，30 个量]

● 杏仁糖糖坯

杏仁粉	160g
蜂蜜	30g
白砂糖	90g
水	20g
糖渍橙子皮（细丝）	30g
糖渍橙子皮的糖浆	约 30g

● 蛋白糖霜

蛋白	10g
枫糖	30g
糖粉	50g
柠檬汁	1~2 滴

POINT

☞ 糖坯不要搅拌过度，不然杏仁的油脂会溢出，导致口感变干。因此，要注意搅拌器的回转力度。

☞ 虽然船形的杏仁蛋糕糖是常见的形状，但是因为需要和其他点心（牛轧糖或棉花糖）一起摆盘贩售，所以要统一做成 2.5cm 见方的块状。因为不需要使用模具压制，所以不会浪费材料。

Dessert
le Comptoir

吉崎大助

春日小点

开心果蛋糕
香柠挞
酸樱桃巧克力
樱花糖

开心果蛋糕
Gâteau pistache

开心果风味的多汁面坯裹以松脆糖衣制作而成的一口大小的蛋糕。
开心果柔和的绿色宛如春风拂面而来。

材料 [直径 3.5cm，40 个量]

黄油··	100g
开心果泥·····································	20g
糖粉··	100g
杏仁粉·······································	100g
整个鸡蛋····································	100g
糖衣* ·······································	适量
开心果（整粒）····························	40 粒

＊取 230g 糖粉和 170g 波美度 30°的糖浆混和而成（适用的量）。

1　将黄油制成膏状，与开心果泥、糖粉一起用打蛋器搅拌。
2　杏仁粉过筛倒入搅拌，鸡蛋捣碎分 2~3 次加入，每次都需充分搅拌。
3　将 2 倒入装有口径 8mm 圆形裱花嘴的裱花袋中，挤入直径 3.5cm、高 1.5cm 的半球形模具中，挤八分满。
4　放入 180℃热风循环烤箱（打开风门）中，烤制约 13 分钟。
5　取下模具，室温冷却。摆放在冷却网上，裹上糖衣并用开心果装饰。放入 160℃热风循环烤箱中烘干表面。

樱花糖
Guimauves Sakura

不使用蛋白，仅用转化糖制作出细腻松软、入口即化的棉花糖。
制作的关键在于打发的程度。樱花的清香和柔和的粉色的搭配，带来春天的气息。

材料 [直径 3cm，80 个量]

吉利丁片··············	11.5g	白砂糖··············	150g
水·····················	34.5g	转化糖 B ···········	50g
转化糖 A ··············	62.5g		
樱花香精（汁液）······	100g	玉米淀粉、糖粉······	各适量

1　将吉利丁片放入水中浸泡，连同水一并倒入搅拌碗中。倒入转化糖 A。
2　将樱花香精、白砂糖和转化糖 B 倒入锅中，加热至 106℃。
3　将 2 倒入 1 中，粗略搅拌之后用打蛋器高速打发。大致散热后调中速至高速继续搅拌。
4　搅拌至蓬松且留下搅拌的痕迹之后，倒入装有 12 齿 8 号星形裱花嘴的裱花袋中，挤成直径 3cm 大小的圆形。
5　将玉米淀粉和糖粉按照 1：1 的比例混合，微微撒在 4 上。在室温中放置约 3 个小时。
6　将玉米淀粉和糖粉的混合物整体撒均匀。装入密闭的容器中，放入冰箱冷藏保存。

酸樱桃巧克力
Chocolat griotte

中间盛满顺滑的巧克力酱和水润多汁的酸樱桃是此款点心的重点。
放入口中便能立刻体验到巧克力外壳的酥脆感和樱桃的柔润漫溢感。
让夹心巧克力变成别致小点心。

材料 [40 个量]

● 巧克力外壳

苦巧克力（可可含量 56%）…适量

● 巧克力酱

牛奶	250g
香草籽	1/2 根量
蛋黄	2 个（L 号）
白砂糖	50g
苦巧克力（可可含量 66%）	110g

● 糖渍酸樱桃

（按以下量制作，取适量使用）

酸樱桃（整颗、冷冻）	500g
红酒	100g
白砂糖	300g
果胶	12g
白砂糖（微粒）	适量
开心果（碎末）	适量

巧克力外壳

1　将苦巧克力回火，倒入直径 3cm 的半球形模具中冷却使之凝固，取下模具（a）。

巧克力酱

1　将牛奶和香草籽一起加热煮沸。

2　将蛋黄和白砂糖倒入碗中，用打蛋器打发至泛白状态。

3　将 *1* 倒入 *2* 中，混合搅拌。再倒回 *1* 的锅中，一边用打蛋器搅拌一边加热至 82℃。

4　从火上取下，加入切碎的苦巧克力。用搅拌器搅拌使之乳化。

5　用保鲜膜密封，放入冰箱中冷藏一晚。

糖渍酸樱桃

1　将红酒、60g 白砂糖倒入酸樱桃中，在室温中放置 3~4 个小时。

2　将 *1* 倒入锅中，加热至体表温度。

3　将剩余的白砂糖和果胶混合，倒入 *2* 中，搅拌混合。煮沸后撇掉泡沫倒入容器中。放在冰箱中冷藏一晚。

完成

1　将烤盘或者不锈钢盘加热，把巧克力外壳的边口压在上面使之熔化（b），撒上白砂糖（c）。

2　用勺子将巧克力酱、糖渍酸樱桃按顺序盛入巧克力外壳中（d）。撒上开心果即可。

香柠挞
Tarte citron

以口感上佳的香草风味的沙布列为挞托，其上挤满浓郁的柠檬奶油，
是一款制作简单的"香柠挞"。奶油的绵软和柠檬的酸味都令人回味无穷。

材料[直径 3.5cm，60~70 个量]

● 香草面坯
（按以下量制作，取 1/4 量使用）

黄油	400g
糖粉	200g
盐	2g
香草籽	1 根量
蛋黄	2 个（L 号）
低筋面粉	600g
蛋白	适量
白砂糖（微粒）	适量

● 柠檬奶油（60~70 个量）

整个鸡蛋	150g
白砂糖	130g
柠檬汁	140g
黄油	250g
开心果（碎末）	适量

香草面坯

1. 将黄油打成稍硬的膏状，倒入糖粉、盐，搅拌器调低速搅拌。
2. 倒入香草籽和蛋黄，进一步搅拌。
3. 低筋面粉过筛倒入，搅拌至粉末消失。
4. 将面坯分为 200g 一份，用手揉成约 30cm 的棒状。用烤盘纸包好，按照卷寿司卷的方法，紧实地卷成直径 3.5cm 的圆柱形。
5. 放入冰箱冷冻使之凝固（在此状态下可以冷冻保存。需要使用的时候放入冷藏室放置 2 小时，解冻成易于切割的硬度即可）。
6. 在面棒的表面抹上蛋白。在烤盘上撒上白砂糖，将面棒放在烤盘上翻滚使之粘上白砂糖。
7. 切成 1cm 厚大小，放入 170℃热风循环烤箱（打开风门）中，烤制约 18 分钟。室温冷却。

柠檬奶油

1. 将鸡蛋、白砂糖、柠檬汁倒入碗中，用打蛋器搅拌。
2. 隔水加热 *1*，一边用打蛋器搅拌一边加热至 82℃。
3. 从热水中拿出 *2*，加入在冷冻状态下切成小块的黄油，用搅拌器搅拌使之乳化。用保鲜膜密封包好，放入冰箱中冷藏一晚。

完成

1. 将柠檬奶油倒入装有口径 10mm 圆形裱花嘴的裱花袋中，在香草面坯上挤出圆形。撒上开心果装饰。

夏日小点

香橙百香果
椰果覆盆子
芒果杏子软糖
巧克力饼

香橙百香果
Passion oranges

百香果果酱与白奶酪奶油和新鲜香橙的清爽组合。
作为餐后食用的别致小点心，做成盛装在勺子中的一口大小非常合适。
在不用考虑外带的前提下，这种制作方法也是充满趣味的。

百香果果酱

1 将水倒入百香果果泥中搅拌混合。

2 取一部分 *1* 上火煮，倒入白砂糖，加入拭去水汽的吉利丁片。用打蛋器搅拌至吉利丁片熔化，从火上取下。

3 将剩余的 *1* 倒入 *2* 中，混合搅拌。用保鲜膜密封好，放在冰箱里冷藏一晚。

白奶酪奶油

1 将鲜奶油、白奶酪、白砂糖倒入碗中，用打蛋器打至五分发（呈黏稠状）。

完成

1 将百香果果酱、白奶酪奶油装进勺子中，用香橙果肉和马鞭草叶子装饰。

材料 [适合制作的量]

◉ 百香果果酱
百香果果泥······················· 50g
水···································· 150g
白砂糖······························ 20g
吉利丁片 * ·························· 3g
＊吉利丁片用水（分量外）浸泡。

◉ 白奶酪奶油
鲜奶油（乳脂含量35%）········· 100g
白奶酪······························ 100g
白砂糖······························ 16g

香橙果肉····························· 适量
马鞭草叶（新鲜）················· 适量

芒果杏子软糖
Pâte de fruit mangue et abricot

以芒果为基础，配以杏子制作而成的软糖。
制作方法非常简单。在食用之前切开，柔软的口感让人回味无穷。
盐之花的加入，成为强烈的甜味中的亮点。

芒果杏子软糖糖坯

1 将芒果和杏子的果泥倒入锅中，加入水饴，加
热至水饴熔化。

2 将已经混合好的果胶和白砂糖倒入其中，搅拌
并加热。待加热至 80℃后倒入剩余的白砂糖，
煮至糖度达到 78%brix。

3 将锅取下，倒入用水调好的柠檬酸。

4 将边长 20cm 的模具放在硅胶垫上，把 3 倒进
去（高度大概在 1cm 左右）。放在室温中冷却。

5 待凝固后取下模具，用保鲜膜包好，放在冰箱
里冷藏保存。

完成

1 食用前取所需的量（a）切成个人喜好的大小，
在表面撒上白砂糖（b）。

2 切成易于食用的形状，在切口处撒上开心果和
盐之花（c）。

材料［边长 20cm 的方形模具 1 个量］

● 芒果杏子软糖糖坯

芒果果泥	140g
杏子果泥	60g
水饴	43g
白砂糖*	400g
果胶*	10.8g
柠檬酸*	2.4g
水*	2.4g

*取 100g 白砂糖和果胶混合待用。
*柠檬酸和水混合待用。

白砂糖（微粒）	适量
开心果（碎末）	适量
盐之花	适量

椰果覆盆子
Coco framboise

绵软即化的椰子奶油、酸甜可口的覆盆子、白巧克力外壳……
如甜点一般水嫩的组合，做成了一口大小的点心。

材料 [25 个量]

白巧克力外壳* ·················· 25 个
＊白巧克力回火后倒入直径 3cm 的半
球形模具中，凝固后取下模具。

开心果（碎末）·················· 适量
覆盆子（新鲜）·················· 25 个

●椰子奶油
椰子果泥·················· 100g
可可脂（粉末状）·················· 20g

椰子奶油

1　将椰子果泥加热至约 60℃。从火上取下之后倒入可可脂，用搅拌器搅拌使之乳化。放在冰箱中冷藏一晚。

完成

1　将烤盘或者不锈钢盘加热，将白巧克力外壳的边口按压在烤盘上使之熔化，撒上开心果。

2　由于椰子奶油容易水油分离，需要再次搅拌使之乳化后倒入 1 中，再放上覆盆子装饰。

巧克力饼
Cigarette chocolat

将厚的蛋卷面坯烤制成酥脆的面饼。
用烘烤的杏仁制作而成的面坯和苦巧克力相辅相成，是一款非常美味的点心。

材料 [直径 3.5cm，60 个量]

杏仁（带皮）······100g
黄油······250g
苦巧克力（可可含量 66%）······40g
香草籽······1/2 根量
白砂糖······135g

低筋面粉······95g
整个鸡蛋······100g

苦巧克力（可可含量 66%）······适量

1　将杏仁放入 180℃烤箱中烘烤 20 分钟。趁热放入料理机中粉碎，直至没有颗粒感。

2　将打成膏状的黄油倒入 1 中，同时加入已熔化的苦巧克力和香草籽，进一步搅拌。

3　依次加入白砂糖、过筛的低筋面粉、鸡蛋，每次都需搅拌。

4　将 3 倒入装有口径 8mm 圆形裱花嘴的裱花袋中，挤入口径口 3.5cm、深 1.5cm 的半球形模具中，挤 7 分满。

5　放入 170℃热风循环烤箱（打开风门）中，烤制约 18 分钟。取下模具冷却。

6　苦巧克力回火后在上面薄薄涂上一层。

秋日小点
南瓜马卡龙
巴黎 – 布雷斯特泡芙
焦糖栗子饼
黑胡椒杏仁饼

南瓜马卡龙
Potiron

这款点心的主题是"新鲜的马卡龙"。南瓜奶油直到点心上桌的前一刻才挤入到入口即化的马卡龙面坯中。
追不及待想品尝一下它新鲜的味道。
南瓜奶油充分体现了材料的水润感，甜而不腻是其制作的关键所在。

材料 [直径 3.5cm，80 个量]

◉ 马卡龙面坯
（以下材料可做 150 个，取 80 个使用）
糖粉··········	280g
杏仁粉··········	250g
蛋白··········	200g
白砂糖··········	220g
色素（红、黄）··········	适量

◉ 南瓜奶油
南瓜糊* ··········	250g
鲜奶油（乳脂含量 35%）··········	55g
白砂糖··········	43g
黄油··········	100g

＊南瓜煮熟后滤水。

开心果（碎末）·········· 适量

马卡龙面坯

1. 糖粉与杏仁粉混合过筛。

2. 蛋白用打蛋器中高速打发，砂糖分 3~4 次加入其中，持续打发 10 分钟制成紧实的蛋白霜。

3. 将 *1* 加入 *2* 中，充分混合。取红色和黄色的色素加入其中，轻轻压碎气泡。提起时呈黏稠状缓缓流下即可。

4. 将 *3* 倒入装有口径 6mm 圆形裱花嘴的裱花袋中，在铺有烤盘纸的烤盘上挤出直径 3cm 的马卡龙面饼。

5. 放入 150℃热风对流烤箱加热 7 分半钟后取出。将烤盘纸整体放在冷却网上，室温冷却。冷却后的面饼可冷冻保存（解冻时只需在室温下放置 5 分钟即可）。

南瓜奶油

1. 将南瓜糊、鲜奶油、砂糖放入锅中明火加热。用刮刀边搅拌边待锅沸腾，搅拌至南瓜糊留有纹理即可。

2. 将冷冻状态下的黄油切成小块加入锅中，用刮刀充分搅拌。

3. 将制成的南瓜奶油倒入铁盘中，用保鲜膜密封好，入冰箱冷藏一晚。

完成

1. 将南瓜奶油倒入装有口径 9mm 圆形裱花嘴的裱花袋中。将一半马卡龙面饼翻过来，涂上满满的奶油。

2. 将剩余的马卡龙面饼盖在 *1* 上，轻轻按压使之贴合。侧面撒上开心果即完成制作。

巴黎－布雷斯特泡芙
Paris-brest

使用自制的果仁糖制成的浓郁奶油给人留下深刻的印象。
往酥脆的泡芙皮中挤入美味的奶油，拥有在高级餐厅才能享受到的新鲜味道。

材料 [直径 3.5cm，250 个量]

● 泡芙皮
水	100g
牛奶	100g
黄油	90g
盐	4g
低筋面粉	120g
整个鸡蛋	4 个（L 号）
蛋液（整个鸡蛋）	适量

● 榛子奶油
奶油霜
（ 按以下量制作，取 50g 使用 ）
白砂糖	140g
水	45g
蛋黄	50g
黄油	250g

卡仕达酱
（ 按以下量制作，取 150g 使用 ）
牛奶	500g
香草豆荚	1/2 根
蛋黄	4 个（L 号）
白砂糖	100g
吉士粉*	40g
榛子果仁糖*	40g

＊吉士粉是在制作卡仕达酱的时候使用的材料。代替低筋面粉使用。
＊榛子果仁糖的制作方法：取 200g 白砂糖制作成焦糖，然后加入 200g 烘烤过的榛子，冷却后倒入料理机中粉碎，搅拌成泥状（适量制作）。

泡芙皮

1. 将水、牛奶、切成块的黄油、盐倒入锅中煮沸。从火上取下后，倒入过筛的低筋面粉，用刮刀快速搅拌。

2. 再次上火加热，搅拌至锅内材料不再粘锅底。

3. 倒入碗中，将打碎的鸡蛋分数次倒入，每次都需用刮刀充分搅拌。搅拌至提起面坯的时候缓缓流下并呈现倒三角形的硬度即可。

4. 面坯趁热倒入装有口径 5mm 圆形裱花嘴的裱花袋中，挤成直径 3cm 的圆形。

5. 用毛刷刷上蛋液，放入 180℃ 热风循环烤箱中烤制约 20 分钟（待上色后打开风门）。放在冷却网上，室温冷却。

榛子奶油

1. 制作奶油霜。将白砂糖和水煮至 118℃（A）。分量外一个碗将蛋黄用打蛋器高速打发，倒入煮好的 A 中，持续搅拌至热量散去、泛白即可。加入已经变得柔软了的黄油，混合空气轻轻打发。

2. 制作卡仕达酱。将蛋黄和白砂糖用打蛋器充分搅拌，倒入吉士粉混合搅拌（B）。将牛奶、香草豆荚的豆荚和籽煮沸，倒入 B 中混合搅拌。然后倒回锅内，一边搅拌一边加热至 82℃。取出香草豆荚，放在冰箱中冷藏一晚。

3. 将 *1* 和 *2* 分别过滤呈光滑状后混合搅拌。倒入榛子果仁糖，用橡胶刮刀均匀搅拌。

完成

1. 将泡芙皮横向切两半，放入 160℃ ~180℃ 烤箱中烤出酥脆的口感。

2. 将榛子奶油倒入装有 4 号星形裱花嘴的裱花袋中，挤入 *1* 中当夹心。

焦糖栗子饼
Gâteau caramel marron

焦糖的苦味和杏仁的馨香在口中扩展开来，是一款软润的蛋糕。
栗子蜜饯体现出的季节感和酥脆的糖衣带来的甘甜味道相辅相成。

材料 [直径 3.5cm，40 个量]

黄油	……………………………	100g
焦糖*	……………………………	48g
糖粉	……………………………	100g
杏仁粉	……………………………	100g
整个鸡蛋	……………………………	100g

＊取 100g 白砂糖加热制作焦糖。另取 120g 已加热的鲜奶油（乳脂含量 35%）分 3 次倒入其中，每次都需搅拌。放入冰箱中冷藏保存（制作适量）。

糖衣（p125）………………… 适量
栗子蜜饯（切碎）、金箔…… 各适量

1　将黄油打成膏状和焦糖一起倒入碗中，加入糖粉，用打蛋器搅拌。

2　杏仁粉过筛加入，混合搅拌。将鸡蛋捣碎，分 2~3 次倒入，每次都需搅拌。

3　将 **2** 倒入装有口径 8mm 圆形裱花嘴的裱花袋中，挤在直径 3.5cm、深 1.5cm 的半球形模具中，挤八分满。

4　放入 180℃热风循环烤箱中烤制约 13 分钟。取下模具，放室温中冷却。

5　将 **4** 放在冷却网上，裹上糖衣。再放入 160℃热风循环烤箱中加热 3 分钟使糖衣凝固。放上栗子蜜饯和金箔装饰。

黑胡椒杏仁饼
Diamant poivre noir amande

在加入了杏仁的酥脆面饼中透出一丝丝黑胡椒的辛辣味道。
粗粒黑胡椒和盐之花让这款饼干回味无穷。配合红酒食用更佳，是店铺的人气商品。

材料 [直径 3.5cm，280 个量]

黄油	…………………… 400g	蛋黄	……………………	2 个（L 号）
盐之花	…………………… 10g	杏仁（切碎、烘干）	……………………	200g
黑胡椒（粗磨）	…………………… 20g	低筋面粉	……………………	600g
糖粉	…………………… 200g			
香草籽	…………………… 1/2 根量	蛋白、白砂糖（细）	……………………	各适量

1　将稍硬的膏状黄油、盐之花、黑胡椒、糖粉倒入搅拌碗中，搅拌器调低速搅拌。

2　加入香草籽，再加入蛋黄进一步搅拌。按照顺序加入杏仁、过筛的低筋面粉，搅拌至粉末消失。

3　分为 200g 一份，用手揉成约 30cm 的棒状。每一根都用烤盘纸包好，按照做寿司卷的要领卷成直径 3cm 的圆柱形。放入冰箱中冷冻使之凝固（亦可就此状态冷冻保存。使用的时候放入冷藏室，放置约 2 小时解冻）。

4　在面坯棒上涂上蛋白。在烤盘上撒上白砂糖，面坯棒放在上面翻滚使白砂糖粘在面坯上。

5　切成 1cm 厚大小，放入 170℃热风循环烤箱（打开风门）中，烤制约 18 分钟。放在室温中冷却即可。

冬日小点

昂贝奶酪马卡龙
熔岩巧克力蛋糕
黑加仑手指泡芙
雪球

昂贝奶酪马卡龙
Macaron Fourme d'Ambert

马卡龙以昂贝奶酪奶油和红酒煮的无花果蜜饯为夹心，是一款甘甜香咸的可爱点心。
夹心要在食用前挤入，奶油与马卡龙刚融合在一起正是入口的好时机。

材料 [直径 3.5cm，40 个量]

● 马卡龙面坯
（以下材料可做 150 个，取 40 个使用）

糖粉	280g
杏仁粉	250g
蛋白	200g
白砂糖	220g
色素（红、蓝）	适量

● 无花果蜜饯
（按以下量制作，取适量使用）

无花果干	300g
红酒*	750mL
白砂糖	375g
果胶	8g

＊红酒要使用卡伯纳·苏维翁红葡萄酒。

● 昂贝奶酪奶油

昂贝圆柱奶酪（蓝奶酪）	60g
鲜奶油（乳脂含量 35%）	100g

马卡龙面坯

1. 参照 p131 "马卡龙面饼 1~3" 的要点制作马卡龙，用色素调制紫色上色。

2. 将 *1* 倒入装有口径 6mm 圆形裱花嘴的裱花袋中，在铺有烤盘纸的烤盘上挤出直径 3cm 的面饼。

3. 放入 150℃热风循环烤箱中烤制约 7 分半钟。连同烤盘纸一并放在冷却网上，室温冷却。冷却后的马卡龙面饼可以冷冻保存（解冻的时候在室温中放置 5 分钟即可）。

无花果蜜饯

1. 将无花果干放在热水中泡软，切成 7mm~8mm 的小块。

2. 红酒加热至体表温度。将白砂糖和果胶混合后倒入，调中火至大火煮。

3. 煮至糖度为 54%brix 后倒入 *1*，煮沸。用保鲜膜盖好放入冰箱中冷藏保存。

昂贝奶酪奶油

1. 将昂贝圆柱奶酪滤好。

2. 将鲜奶油倒入 *1* 中，搅拌至易于裱花的柔软程度（a）。

完成

1. 将昂贝奶酪奶油倒入装有口径 9mm 圆形裱花嘴的裱花袋中。将一半马卡龙翻过来，将 *1* 挤在上面（b）。

2. 在挤好的奶油的中心放上无花果蜜饯（c）。将剩余的马卡龙放在上面，轻轻按压。放入冰箱中放置 5 分钟让马卡龙和奶油融合。

熔岩巧克力蛋糕
Moelleux chocolat

隔水煮的制法虽然缓慢却能稳定加热，保留了巧克力酱原有的爽滑口感。
巧克力的浓郁和朗姆酒的香味配合度也很高，是一款适合成年人的点心。

材料［直径 3.5cm，30 个量］

苦巧克力（可可含量 60%）·························· 120g
黄油··· 90g
白砂糖·· 56g
整个鸡蛋·· 100g
朗姆酒·· 12g

开心果（碎末）··适量

1　将苦巧克力和黄油放入碗中，隔水加热至约 50℃。
2　将白砂糖倒入 **1** 中，用打蛋器混合搅拌。
3　将鸡蛋捣碎，隔水加热至 40℃。倒入 **2** 中，再倒入朗姆酒。
4　倒入装有口径 8mm 圆形裱花嘴的裱花袋中，挤入直径 3.5cm、深 1.5cm 的半球形模具中，挤八分满。
5　放入 170℃热风循环烤箱中烤制约 16 分钟，再隔水蒸（在盛满水的深盘上盖上布巾，将模具放在上面蒸制）。
6　散热后取下模具（可冷冻）。撒上开心果。

雪球
Boule-de-neige cannelle

"雪球"如其名，是人们想要在冬日品尝的曲奇点心，由于加入了肉桂使得制成后口味更加成熟。
另外，在面坯中还加入了大量的杏仁，由外而内充分烤制出杏仁的坚果馨香。

材料［2.5cm×2.5cm，160 个量］

◉ 雪球面坯　　　　　　　　杏仁粉····················· 415g
杏仁蛋白················ 100g　低筋面粉··············· 200g
黄油······················ 165g
盐······························· 5g　肉桂粉······················适量
　　　　　　　　　　　　　糖粉··························适量

1　将杏仁蛋白倒入搅拌碗中，用搅拌器低速搅拌。
2　将稍微变得柔软的黄油分 3~4 次加入，每次都充分搅拌使之没有疙瘩。
3　杏仁粉和低筋面粉一并过筛，连同盐一起倒入，搅拌至粉末消失。
4　将 **3** 倒入边长 16cm、高 2cm 的方形模具中，抹平表面。放入冰箱中冷藏使之凝固，取下模具，切成 1.8cm 见方的小块。
5　放入 170℃热风循环烤箱中烤制约 22 分钟（烤制 5 分钟后打开风门）。
6　将肉桂粉和糖粉混合搅拌，撒在方盘上。裹在烤好的 **5** 上，室温放置冷却即可。

黑加仑手指泡芙
Éclair cassis

以黑加仑风味的慕斯奶油夹心，是一口可食的泡芙。
将黑加仑果酱涂抹在泡芙表面，代替了原本用枫糖裹成的糖衣，直观地传达出酸甜可口的风味。

材料 [长 4.5cm，80 个量]

● 泡芙皮
泡芙皮（p134）······················· 100g
蛋液（整个鸡蛋）····················· 适量

● 黑加仑慕斯奶油
奶油霜（p134）························· 50g
卡仕达酱（p134）······················ 150g
黑加仑果泥···························· 40g

● 黑加仑果酱
（ 按以下量制作，取适量使用 ）
黑加仑果泥···························· 500g
白砂糖* ······························· 400g
果胶* ································· 11g
＊取一部分白砂糖和果胶混合待用。

金箔································· 适量

泡芙皮

1 泡芙皮面坯趁热倒入装有口径 5mm 圆形裱花嘴的裱花袋中，挤成 4.5cm 的棒状。

2 涂上蛋液，放入 180℃热风循环烤箱中烤制约 20 分钟（待上色后将风门打开）。放在冷却网上，室温冷却。

黑加仑慕斯奶油

1 将奶油霜倒入碗中，用打蛋器搅拌。

2 用橡胶刮刀将卡仕达酱搅拌至光滑状，倒入 *1* 中。再倒入黑加仑果泥，搅拌至均匀状态。

黑加仑果酱

1 将黑加仑果泥加热至体表温度。

2 倒入已经混合好的白砂糖和果胶，一边加热一边用打蛋器搅拌。

3 倒入剩余的白砂糖，待其再次沸腾后关火，倒入别的容器中，盖上保鲜膜，放入冰箱中冷藏保存。

完成

1 泡芙横向切两半，放入 160℃~180℃烤箱中烤制出酥脆的口感。

2 将黑加仑慕斯奶油倒入装有口径 5mm 圆形裱花嘴的裱花袋中，挤在 *1* 上。

3 黑加仑果酱加热涂抹在泡芙表面。用金箔装饰。

■ 巧克力盒子

p136 中用于盛装小点心的盒子也是巧克力做的。将巧克力回火倒入盒子中成型，放入冰箱中冷冻凝固。将溶解的红色色素用喷枪喷在冻好的盒子上，再冷却、再喷绘这样反复操作（直至制作出如天鹅绒般的光泽感）。装饰在盒盖上的天使，是用天使模具将巧克力压制成天使的模样，再涂上金粉制作而成。和银色巧克力球一并用熔化的巧克力粘在盒子上即可。

法式小甜点的组合包装

常常被用作礼品或小礼物的法式小甜点不仅仅是甜点师精巧技艺的展现，也是店铺贩售的重要考量因素。在此为您逐一介绍本书中登场的甜点师们提供的组合包装提案。

■ PUISSANCE

井上佳哉在他曾经做学徒的甜品店担任烘焙师的职务，对于他来说法式小甜点的组合包装尤其要下一番功夫。开店期初，只是将单一品类的点心装入小盒子里进行贩卖。随着需求的增加，现在已经可以进行多品类的组合贩售了。井上先生所要考虑的组合包装是如何从店铺所制作的众多小点心中，针对点心所使用的场合挑选出 3 种或者是 6 种进行恰如其分的搭配组合。另外，p30 介绍过的杏仁饼就是井上先生在法国比亚里茨求学的时候学习到的杏仁风味的点心。曾经这种点心是 1 个 1 个进行贩卖的。负责贩售的店主夫人觉得"如果把点心进行组合搭配不仅看起来美观，也更能激起没有吃过这种点心的客人的购买欲望"，所以才有现在这种以 6 种点心的搭配为组合进行贩售。

用 PUISSANCE 的 6 种基础款小点心组合而成的法式小甜点套装。点心的大小配合 45mm 宽格子的大小进行调整。井上表示"今后还有计划制作原创的铁盒子来包装"。

将 6 种以杏仁蛋白为基础烤制而成的小点心组合在一起。

■ Atelier UKAI

"UKAI亭"餐厅在其套餐的最后会提供箱式茶点组合，这正是 Atelier UKAI 的法式小甜点组合包装的起源。制果事业部部长铃木滋夫先生在开发法式小甜点组合包装的时候，受到了"日本'年菜'的摆盘方式"的启发。盒子的分格故意做成不同大小，在每个格子里放入几种不同的点心，就像"聚会"一样，而这实际上就是参考了"年菜"的摆盘方式而成。最受欢迎的大套盒（15cm×21cm）里面装有 18 种小甜点，让人眼花缭乱、冲击力十足的商品就此诞生。目前，这款点心盒只在"Atelier UKAI"和"UKAI亭"两店贩售，但是因为太受欢迎而供不应求。圣诞节期间会加入花环形状的曲奇，潮湿的夏天则会将蛋白酥皮换成雪球或季节限定的小甜点。另外，也研制出了加入黄豆面、和三盆糖等和式原料的新型点心盒并在 2015 年 4 月末开始销售。

提供了 2 种用于组合包装的铁盒子。小盒子可以装 8 种点心，大盒子可以装 18 种点心。由于盒子里的格子大小不一，因此可以盛装各种形状和大小的点心。

■ SUSUCRE

SUSUCRE 的风格是以曲奇饼干为主，在蛋挞以及玛德琳蛋糕这样的半熟点心等 50~60 种点心中，选取 1 个或者少量装入袋子中进行贩售。由于店铺设在住宅区，把点心当作见面礼、回礼和小礼物的需求非常高，顾客可以不拘泥于店铺的定式搭配，根据预算和要求组合不同的点心。包装方面可以选择收费的原创包装盒（5 种大小）和罐子，每一个包装都会赠送因为创作绘本《古利和古拉》而为人熟知的山胁百合子的插画。另外，在店铺的官网上还有 6 种组合包装的"推荐小点心"可选，并通过邮件或者是传真下单。下永惠美女士也表示"总有一天要做出集合各种味道和口感的烧制点心组合"。

顾客可根据个人的喜好和预算进行组合。照片中的点心看起来是直接装在铁盒子里的，但是实际上每款小点心都有独立包装。

■ AU BON VIEUX TEMPS

以鲜蛋糕的组合包装"FRIANDISE（美味小甜点）"为起点，AU BON VIEUX TEMPS 拥有软蛋糕组合、小甜点组合、咸味饼干组合以及各种糖果的组合。河田胜彦经常将"做法式小甜点一定要懂得搭配"这句话挂在嘴边，这也是他在法国看到过的情景。
"我在法国的时候，法式小甜点大部分会用在宴会上，总而言之就是种类繁多色彩鲜艳的点心。"而这样的想法所展现出来的就是色形味俱全的小甜点组合。开店以来，那些常年不变的点心组合每种都有其固定的喜爱者，只要摆上架就会顷刻售完。

左侧的鲜蛋糕组合与右侧的软蛋糕组合，使用的是同一款式、不同颜色的盒子。一共可以装 12 个点心，也有可以装 18 个点心的盒子。

上面是最大型号的点心盒，可以装 10 种点心。除此之外还有中等型号（8 种）、小型号（6 种）的点心盒。下面是涂满了白芝麻、黑芝麻，或者奶酪的咸味饼干点心盒。

■ OCTOBRE

神田智兴先后在"A.Lecomte""Noliette""Marumezon"等店任职甜点师，他在制作法式小甜点上成绩不俗，他所提供的甜点套装是鲜蛋糕的组合搭配。最初这些蛋糕只是作为单品贩售。10个为一组的甜点组合正好迎合了"送礼"的需求。在想要多品尝几种点心、又不想吃多的女性中大受欢迎。因为有"自己吃的话就希望能有小量的组合"这样意外的反响，他正在考虑制作6个装的小组合。1天只做4~6盒，很多时候早早的就会销售一空。最近也有附近的学校为举行活动来下订单的情况，由此便可知道其受欢迎程度了。

右侧图片中的点心盒由"Lecomte"的泡芙面坯制成的点心、基础款蒙布朗或芝士蛋糕做成的小点心和店里的其他蛋糕切成的小块点心构成。这种点心盒为宣传店铺特有的风味制造了好机会。

■ Noliette

除了提供鲜蛋糕、烤制点心等各种法式小甜点的组合搭配之外，在本书介绍的咸味类"餐前点心"和"法式小咸饼"中，只有Noliette会制作夹有巧克力酱以及咖啡酱的"法式夹心饼"。富于变化正是永井纪之所说的"这就是点心店的工作"。"因为和Brasseri合并了，因此制作白酱用的酱料原料以及香辛料就有了保障。"也有把店里看似不相关的商品和元素汇集在一起的情况，例如用千层酥的第2层面坯制作点心。

用巧克力酱或果酱夹心制成的鲜蛋糕组合而成的点心套装。精巧的包装盒可以装8~10种小点心。

右侧是由咸味泡芙、咖喱沙布列、杏仁酥等组合而成的咸味餐前小点心套装。左侧为法式咸派、意大利蓝奶酪汤团、凤尾鱼派等咸味小点心套装。

■ BLONDIR

除了各种鲜蛋糕以及烤制点心的组合之外，BLONDIR还会制作夹心糖、果仁糖、软糖以及本书中介绍的奶糖和牛轧糖的糖果组合。每种都可以只买一个，让人轻松愉快就是其魅力所在。尤其是不用拘泥于定式的甜点套装，可以根据客户的预算和喜好定制。藤原和彦说："除了一部分糖果之外，一般将糖果制作成2.5cm的方形更容易分装。"同时还充分利用了6个装、10个装的巧克力包装盒。另外，2015年以乔迁新址为契机，制作了原创点心盒，并开始计划贩售沙布列的点心套装。

图中为糖果组合套装。诸如奶糖、牛轧糖、巧克力等大小一致的糖果，可放在左侧的巧克力包装盒中。除此之外单独包装的糖果可放在右侧的盒子中。

Points de vue
sur les petits fours
de 8 pâtissiers

来自于8位甜点师的
法式小甜点研究

井上佳哉

Yoshiya Inoue

先在 "Mezondoputhifuru" 学习制作点心，而后只身前往法国，在 "Daniel GIRAUD" "REINALDO" 等处学习。之后在 "Au Bon Vieux Temps" 工作，于2001年独立开店。

他烤制的点心看起来充满活力。

他认为制作法式酥饼是需要深入思考的工作。

　　对于法式小甜点来说重要的是想要将什么浓缩在其中。为了获得一口即有的冲击感，浓缩般的风味自是不必说，清晰的口感也是非常必要的。其中加工坚果类是制作法式点心的基本功，也是扩展丰富口感必不可少的要素，可以做出焦糖化、糊化、糖化等各种风味和口感。这样的点心才能吸引客人的眼球。如果能让客人觉得居然还有这样有趣的点心，那我将不胜欢喜。

　　我的店里有11种法式酥饼，它们都是利用了我在 "Mezondoputhifuru" 和 "Au Bon Vieux Temps" 工作时学到的东西创造而成。我在 "Mezondoputhifuru" 主要负责 "烤制" 的工作。在2台装满小酥饼的烤箱前，我总是想象着面坯的状态和烤制的均匀度，从早忙到晚。烤制的成色不仅会直接影响味道，也能反映出甜点师的实力和想法。决不能烤出没有气势的点心。直到烤焦之前，都要时刻想着只有充分烤制才能将材料的美味完全激发出来，从而做出 "卖相好" 的点心。这是一份引人思考的工作。

　　另外，我还在本书p30以 "杏仁饼" 为主题，介绍了约15种杏仁饼。虽然甜点师的工作既费力又单调，但是做甜点时的乐趣和想把做好的点心摆在店里的成就感是其他工作比不上的。我并没有抱着弘扬这份事业的心情和使命感来工作，而仅仅是想要喜欢的人来买我做的点心，这就是我的立场。也许看起来不善变通，但是我却想以甜点师的心情将制作点心贯彻始终。

PUISSANCE

日本神奈川县横滨市青叶区御岳台 31-29

☎ 045-971-3770

http://www.puissance.jp

店名在法语中意为 "力量" "强大"。井上主厨制作的点心质地粗犷，味道独特，充满个性。除了法国传统点心，店内还并排摆放着成色很深的烤制点心、色彩缤纷的夹心点心、巧克力豆、鲜蛋糕和副食品。

他制作点心的灵感源于高级餐厅的法式小甜点，犹如节日菜肴般精致而华美。

铃木滋夫
Shigeo Suzuki

从法国学成归来后，在东京都的甜品店
"ECOLE TSUJI TOKYO" 担任讲师。
2006 年就任 UKAI 公司的甜点制作课长。
现在是甜点制作事业部的部长，统筹甜点
制作相关的所有事务。

    我们制作法式小甜点的起点是餐厅"UKAI亭"。餐厅以经营牛排为主，所以"甜点需要偏向轻食"。我们准备了一些口感清爽、入口即化、造型精致的小点心，让客人能够在吃饱之后还能吃上二三块。在这样的不断尝试当中，形成了"UKAI亭"独有的法式小甜点。偶尔也会做法式小甜点的组合套装，随着餐厅厨房无法应对甜点的需求，我们在2013年开设了专门的点心工坊。

    当然，法式小甜点组合是我们的招牌商品。以"请带走一份UKAI的回味"为起点，我们考虑了各种能够充实点心魅力的方法。而我脑海中浮现的就是"年菜"。为了能够达到年菜那样，一打开盒子就看到五彩缤纷的料理整齐地码放在面前的效果，我研究了将点心装盒的方法。因为点心的大小不同，所以可以根据点心大小的变化将很多种点心摆放进去。还可以使用独创的包装盒，有时会制作入口即化的点心，相反的也有很有嚼劲的点心、奶酪味的点心、酸的或者是辛辣的点心……创造出各种色形味独到的组合。

    当然，对我们来说最重要的是味道，然后是点心的新鲜程度。在我们的工坊里，杏仁糖以及榛子杏仁巧克力使用的坚果和果酱都是自制的。为了在"UKAI亭"的各个店铺贩售小甜点，我们总是将刚刚做好的点心摆在店里，我想这也是美味的关键所在。

Atelier UKAI
日本横滨市青叶区新石川 2-4-10　Moritex Tamaplaza 1 层
☎ 045-507-8686
http://www.ukai.co.jp/atelier/

2013 年作为"UKAI 集团"第一家甜品店开业。透过玻璃可以看到由工坊制作的新鲜出炉的蛋糕和酥饼摆放在店内。由于常被用作礼物，店内一大一小两款曲奇套装非常受欢迎。另外，香辛味、香草味等咸味套装以及软蛋糕的套装也深受欢迎。

下永惠美

Emi Shimonaga

从"ECOLE CULINAIRE 国立制果专门学校"毕业后，先后在"FRENCH POUND HOUSE""THEOBROMA"等店工作，于 2008 年独立开店。

她制作的点心质朴却可口，

注重于造型和季节感的独创性。

烤制点心的魅力在于点心会随着和面方式以及烤制方法的不同，呈现个性独到的手制感。即使材料的配比简单，也可以制作出松软、酥脆或入口即化等各种各样的口感。但是，因为需要在店铺贩售，所以也要考虑到保鲜的问题。基于上述考虑制作出好看又好吃的点心，并不断增加品类。

本书 p58 介绍的"卷卷猫舌饼"系列也正是因为在专门的烤制点心店，才会花时间独创的商品。将刚刚烤好的猫舌饼卷起来并用巧克力酱装饰，如果猫舌饼凉了就没办法卷起来，需要趁着刚刚烤好的时候一口气集中精力卷好才是关键。另外，如果加入上新粉，就会烤出酥软的口感，我们尝试了各种配比。因为不需要加鸡蛋调配，简单易操作。而形状也可以自由制作，是最容易制作的点心。如果加入蔬菜或者水果粉，再做成各种形状，还可以展现出季节感，这也是这款点心的魅力所在。

我们将所有的饼干都装入塑料包装袋里，基本不会使用干燥剂。干燥剂的威力比我们想象的要强悍许多，我们曾经尝试过使用干燥剂，结果干燥剂把点心必要的水分吸收殆尽，导致点心的味道大不同。所以即使是烤制点心，也要尽快食用。

SUSUCRE
日本东京都世田谷区下马 2-2-18-B1
☎ 03-5856-6284
http://www.susucre.com

店内没有开放式厨房，可以随时看到制作点心的情景。那些味道和口感独特的曲奇都诞生于此。店内陈设了便于儿童拿取点心的大桌子和点心架，而点心的名字往往可爱逗趣会引人一笑。在小小的点心盒里摆满了挞、派、可露丽等具有法国地方特色的传统点心。

他的工作是甜品店里最花费时间和力气的工作。
呈现了一幕幕由小点心"组合搭配"的精彩剧目。

河田胜彦
Katsuhiko Kawata

在法国学习了9年的甜品制作，并出任"巴黎希尔顿"的甜品厨师长。回国后，于1981年开设"AU BON VIEUX TEMPS"。2015年4月乔迁新址。

　　法式小甜点是集色香味形为一体且富于变化的点心，每种都有它独特的意义。种类包含鲜蛋糕、软蛋糕、酥饼、咸饼，我的主张是各取所需综合表现。法式小甜点是法国大小宴会上不可或缺、锦上添花的存在，将这些可以拉近人们关系的小甜点摆在店里，也可以让客人感受到点心店的乐趣。

　　虽然说法式小甜点是一口即食的点心，但它并不是将人们通常吃的点心切小做成一口即食的大小就可以了。为了能一口就传达出美味，味道和香气都必须比切成小份的点心更加明晰，像p64的泡芙皮面坯和p75的开心果饼干，都是符合小型点心的面坯。而翻糖、果酱、杏仁蛋白软糖等制作技术以及细致的装饰也是必不可少的，甚至可能是点心店中最花时间的工作。同时，在本店，即使是法式酥饼、法式咸饼等烤制点心，也很重视其新鲜程度。勤于制作是绝对要求。因为经过一段时间之后，点心的风味就会发生变化，这是我们不能容忍的。所以我希望年轻的糕点师也要记住，并将这一点传承下去。

AU BON VIEUX TEMPS
日本东京都世田谷区 Todoroki 2-1-3
☎ 03-3703-8428

于2015年4月和作为甜点师的长子以及作为巧克力师的次子一起将店铺迁到新址。在店内摆放着夹心蛋糕、烤制点心、小甜点、糖果、地方点心、糖渍水果以及副食品等各种各样散发着法国味道的点心。另外还设有沙龙。

神田智兴
Tomooki Kanda

在 "A.Lecomte" 经过 7 年的专业学习后，
在 "Noliette" "MALMAiSON" 等店就职，
于 2007 年前往法国深造。2010 年回国后
进入 Lindt & Sprüngli 公司任职。2013 年
独立开店。

主打泡芙类点心，
基础款点心的套装非常受欢迎。

　　最初我在 "A.Lecomte" 学习，经常制作法式小甜点。每当大使馆举行宴会时候就会向我们下单，然后我们就会制作非常多的小型鲜蛋糕和烤制蛋糕，送到会场去。其中做得最多的是泡芙。不论是味道还是形状都富于变化，如果将泡芙皮做厚，好好烤制就会延长保鲜期，也不容易变形。在 "A.Lecomte"，只有拥有 3 年以上经验的人才能制作泡芙皮的基础面团。那段时间通过不断地在有限的时间内制作同样大小的点心，为我积累了经验。

　　独立以来，我开始制作法式小甜点，参考了很多从 "A.Lecomte" 学到的知识。最初我会从 10 种点心中选 1 种摆放在橱窗里贩售。但是，我发现人们无论怎样都会被 "小老鼠泡芙"（p81）"天鹅泡芙"（p82）吸引目光，像蒙布朗这样的基础点心也非常受欢迎。因此我毫不犹豫地放弃了单品贩售，而将 10 种点心组合成点心盒放在店里贩售。礼盒式贩售是根据人们送礼需求的增加而推出的，但是令人意外的是很多买礼盒的人都是买来给自家人吃的。而人们想一次品尝多种点心的需求也出人意料。

　　惯例的组合是 5 种泡芙和 4 种蛋挞以及 1 种坚果或巧克力鲜蛋糕。我会在制作鲜蛋糕的时候将小甜点分装好，并和其他商品一起摆在橱窗里，所有准备都要在营业之前完成。

OCTOBRE
日本东京都世田谷区太子堂 3-23-9
☎ 03-3421-7979

不同于三轩茶屋设址在繁华的商业街，神田选择将店铺开设在安静的住宅区内。在此地长大的神田有这样一个目标，就是做一个满足客户需求、接地气的甜点师。店铺以法国传统点心的制作为中心，同时也贩售蛋糕、布丁、烤饼、维也纳甜面包等，经营种类丰富多彩。

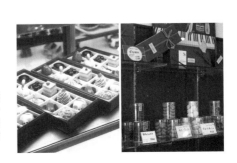

即使是用于搭配的小点心也要使用高级面坯制作，这才是专业甜品店的风格。

永井纪之
Noriyuki Nagai

起初在 "AU BON VIEUX TEMPS" 学习，之后远渡法国求学，以进入瓦朗斯的 "Daniel GIRAUD" 为契机，先后在法国、瑞士、卢森堡的店铺进行了 6 年的学习。于 1993 年独立开店。

　　法式小甜点虽然只有一口大小，但是制作每一个所花费的时间和其大小并没有必然的联系。如果你是"讨厌费工夫"的人，那你绝对没办法制作法式小甜点。对于法国甜点师来说，法式小甜点就是日常的点心，像日本常见的粗粮点心一样，但是要想让法式小甜点如粗粮点心一般融入日本人的生活之中却稍显困难。开店之初，我们以批量售卖的形式贩售小甜点，但是考虑到购买的方便性，现在以组合的形式进行贩售。由于送礼的需求逐渐增多，所以盒装以及罐装的小甜点非常受欢迎。而袋装以及简易包装的小点心则满足了自家食用的需求，同时也是我们推广产品的一个好方法。

　　本店主要制作鲜蛋糕、软蛋糕、酥饼和咸饼四种点心。即使是小个头的点心，制作时也必须重视其味道和口感的均衡度。酥饼的美味程度会因其大小的变化而发生改变，所以不能仅仅缩小点心的尺寸，但做法却依然按照通常的配比制作。咸饼分为鲜饼类（需要冷藏）和干饼类两个种类，为了让顾客获得像吃小零食一样的愉悦感，点心制作者必须使用上品材料制作出好的面坯。

　　甜点师的工作就是花费大量时间并脚踏实地不间断制作，其职责一方面要继承法国甜点的精神，另一方便还要让顾客体验到法国饮食文化的乐趣。希望能通过我们的努力让更多的人了解到法式小甜点的魅力。

Noliette
日本东京都世田谷区赤堤 5-43-1
☎ 03-3321-7784
http://www.noliette.jp/

2014 年 9 月迁入新址。店内明亮考究的装潢透着一股古典气息。既有夹心蛋糕和烤饼，也有维也纳甜面包、冰淇淋和副食品，贩售的点心种类丰富多彩，无处不洋溢着法国的氛围。在同一栋大厦的 3 层还经营着名为 "Le Petit Lutin" 的咖啡店，空闲时也可用作聚会场所。

藤原和彦

Kazuhiko Fujiwara

先在 "Salon de The ANGELINA" 等店铺学习，之后前往法国，在 "Au Palet D'Or" 继续深造。然后就职于 "Patisserie K.Fujita"，于 2004 年独立开店。2015 年 5 月迁新址到东京都练马区。

精心制作 40 种糖果。如粗粮点心一样可以 1 颗 1 颗贩售。

　　我追求的点心店风格就像法国街头随处可见的传统的点心店一样。在法国求学的时候，常常见到这样的点心店，店里既有鲜蛋糕，还有烤制点心，糖果也会自然而然地与其摆放在一起。奶糖、牛轧糖等糖果都可以单颗购买，即便是特殊日子吃的点心也给人一种日本粗粮点心一般的感觉。这让我深深地感受到"点心店就是这样的存在"。

　　我的店里有温度设定为 15℃的糖果和巧克力专用柜台，里面的糖果都是按照颜色码放的。像夹心糖、棉花糖、香柠糖这样的糖果会放在玻璃罐里。常备的糖果有 40 种，价格便宜，可以按喜好选择。也有拿着小铁罐过来说"我想装点这个糖"的客人，还有的客人会先买一颗尝尝味道，如果喜欢再多买一些送人。

　　做法基本上沿袭了我在法国学到的做法，与鲜蛋糕和烤制点心一样，以原料取胜。我只使用高品质的原料，而坚果酱、榛子巧克力、杏仁蛋白软糖等都是自制的，我会特别注重食材本身的味道。重点就是在不破坏原有风味的前提下精心制作。即使是保鲜期长的糖果，也会不断用新鲜糖果替换，再进行贩售。制作时既要配合季节变换奶糖里的夹心，还要注意点心入口即化的口感。

BLONDIR

日本东京都练马区石神井町 4-28-12

http://www.blondir.com/

店铺于 2015 年 5 月下旬从埼玉县 Fujimino 市迁出。不论是店铺的装潢，还是点心的制作都保留了法国的原汁原味。目标是"传承至今的点心必有其存在的意义。为了再现经典必须精益求精"。除了糖果之外，店内还贩售地方特色点心和经典夹心蛋糕。

吉崎大助
Daisuke Yoshizaki

曾在印刷公司工作，之后在"Parlour Laurel"
学习甜点制作。然后在"Ceruleantower-
Hotel"担任4年半的首席甜点师，于2010
年独立开设自己的甜品专卖店。

将不同场合食用的点心和充满季节感的点心组合
在一起。
善于制作充满季节感的适合当场品尝的点心组合。

　　在餐厅以及甜品专卖店中，法式小甜点的作用是"餐后甜点"。其恰到好处的甜度和
满足感能给人结束用餐的信号。本店所有的坐席都设在吧台，这样的设置为的是让点心做
好即可食用。通常我会为点餐的客人呈上2个小点心，在每月一次的甜品日，会为客人呈
上4个小点心。为了节约时间给顾客留下好印象，作为装盘点心的延伸，为顾客准备虽小
但却令人惊喜的当场即食的法式小甜点。我注重的不是小甜点的分量，而是其恰到好处的
甜度和理想的味道。所谓甜点就是由一个不同的味道引发出的无限遐想。例如p127提到
的"香柠挞"，只有用心将柠檬奶油挤在沙布列上，才能做出非常软嫩的点心，我在制作
的时候会时刻注意每一个点心的制作手法和烤制情况，以让顾客获得丰富的味道和口感的
双重体验。

　　另外还有一点是我非常注重的，那就是季节感。法式小甜点总会让人产生一种饭后
余兴的错觉，实际上它们往往不那么引人注目。因为特意使用了应季的材料，制作的时
候抱着将其作为"最后一道菜"的意识，让客人品尝到季节的味道。材料自是不必说，
器具的选择也有其独到之处，用巧克力做成小花装饰在器具上，让人从视觉上感受到季
节的变化。

Dessert le Comptoir
日本东京都世田谷区深泽 5-2-1
☎ 03-6411-6042
http://lecomptoir.jp/

这是一家吧台设有6个座位的甜品专卖店。吉崎的
目标是"将店铺打造成如寿司店一般有生活气息的地
方"。制作甜品要选用当季的食材，一边灵活地与客
人聊天，一边现场制作点心。除了菜单上的4种点心
之外，还可以根据客人的要求即兴制作。当然也贩售
烤制点心和马卡龙。

版权所有 侵权必究

图书在版编目（ＣＩＰ）数据

经典法式小甜点110 / 日本柴田书店编著；盖晓乐
译. –– 北京：中国民族摄影艺术出版社，2017.7
　　ISBN 978-7-5122-1003-5

　　Ⅰ．①经… Ⅱ．①日… ②盖… Ⅲ．①甜食 – 制作 –
法国 Ⅳ．①TS972.134

中国版本图书馆CIP数据核字(2017)第111375号

TITLE：［保存版 プティフール　焼き菓子、生菓子、コンフィズリー110種の小さなスペシャリテ］
BY：［柴田書店］
Copyright © Shibata Publishing Co., Ltd., 2015.
Original Japanese language edition published by Shibata Publishing Co., Ltd.
All rights reserved. No part of this book may be reproduced in any form without the written permission
of the publisher.
Chinese translation rights arranged with Shibata Publishing Co.,Ltd., Tokyo through Nippon Shuppan
Hanbai Inc.

本书由日本株式会社柴田书店授权北京书中缘图书有限公司出品并由中国民族摄影艺术出版
社在中国范围内独家出版本书中文简体字版本。
著作权合同登记号：01-2016-9548

策划制作：北京书锦缘咨询有限公司（www.booklink.com.cn）
总 策 划：陈　庆
策　　划：滕　明
设计制作：王　青

书　　名：经典法式小甜点110
作　　者：日本柴田书店
译　　者：盖晓乐
责　　编：连　莲
出　　版：中国民族摄影艺术出版社
地　　址：北京东城区和平里北街14号（100013）
发　　行：010-64211754　84250639　64906396
印　　刷：北京和谐彩色印刷有限公司
开　　本：1/16　185mm×260mm
印　　张：9.5
字　　数：120千字
版　　次：2017年8月第1版第1次印刷
ISBN 978-7-5122-1003-5
定　　价：65.00元